跨界領導密碼

吳德威的團隊管理與新創智慧

Cross-Industry Leadership Passwords

David Wu's Team Management and Startup Wisdom

跨界領導不只是斜槓，
更是跨世代的管理及投資心法。

吳德威、周汶昊／著

目錄

推薦序一

從零出發，隨時歸零

露天市集總經理　曾薰儀（Vicky Tseng）

我的辦公室裡掛著一幅畫，一張幾乎全白的畫。近一點看會知道它雖然是白，但白裡透著各種色彩。畫的右下角，一個小圓框像是在牆上開了一個小洞，透出了在彩虹白上畫布前，畫布底下的故事。

這幅畫是我自由繪畫的作品，也是一個和自己對話的過程，它不是一張畫而是很多張畫，在不同時間點，一層又一層畫在同一張畫布上，最後的最後，選擇回到了最初的白色。就像人生歷程一樣，你得到一些、失去一些、有些帶來美好印記、有些造成創傷，一個又一個的故事疊加起來，成就了現在的你。帶著滿滿故事（傷痕）的你，仍然選擇相信善良，堅持自己的初衷。

如果找David也畫上一張，他的油彩厚度肯定比我的版本多上好幾倍。David是我在職場上遇到的特異品種，工作的跨度極大，從巨型的跨國企業到「從零到一」的新創，從電信、軟體、共享空間、交通、電商、運動、區塊鏈金融到創投，工作的地點在美國、在德國、在大陸、在台灣、在東南亞。David用一種燃燒生命的姿態，進入不同型態的組織裡，快速切換角色模組，主線和副本同時打。我曾好奇David到底開了什麼神奇外掛，能超頻八倍轉速工作。後來我才明白這個神奇外掛是童年的一場開心手術，他常覺得生命隨時會在下一刻消逝，因此對時間有種強烈的急迫感，「現在、立刻、馬上」是他熱愛使用的關鍵字。

Chat_David for work v.3.5

和David一起工作，最有趣的一件事情是，當進入重要決策的討論時，他會啟動多重對話模組和你進行討論，比如「工程師_David」、「業務_David」、「主管_David」、「投資人_David」、「用戶_David」、「競爭對手_David」（是的，和使用ChatGPT的方法很像，但ChatGPT給出的答案是網路上得來不肉疼的資訊，David會給你的資訊是自己實打實的經驗，或者頭破血流的教訓）多重魔鏡的對話方式，讓我能看見自己思考的盲點和視角的侷限性，思考得再深一點、更完整一點，對於可預見的風險或許能提早做些準備。

這本書的寫作方法，是我熟悉的多重魔鏡對話模式，但更聚焦在爲年輕世代培養領導技巧與職場素養，或許就稱它爲「Chat_David for work v.3.5」，寫給35歲±7的你：

在職場裡會遭遇的問題，要面對的選擇，David在書裏透過不同的角色扮演，引導你去思考，做出自己的選擇。

斜槓，是一種在平行宇宙練功的超能力，只有實力還不夠

用二十年做一個區間，David所投入的產業與角色跨度很大，而我則選擇了在同一個企業集團，經歷初創、成長、成熟到進入轉型的過程。David用高強度、加速累積、快速移動，累積自己的縱深，而我則是從一個定點去學習產業生命歷經的各種循環。

不同階段、不同職位，需要裝備新技能，也需要卸載或暫時關閉某些在前一個階段使用的能力。一開始，應該先建立一個穩定輸出的專才能力，做爲自己經驗值累積的起點，接下來點開新的職場技能樹，長出新觸角，成爲通才。當可選擇的裝備和工具越來越純熟俱足，斜槓就成爲一種能在平行宇宙同步練功的超能力，每件工作所得到的經驗值，對應斜槓能有不同的累積和加成效果。

通才和斜槓都需要堅實的基本功做基礎，也需要付出高強度學習與異於常人的挫折耐受力，要敢對自己發狠，逼自己放下原來已經駕馭自如的能力，重新按下快轉鍵，練就一個新的角色技能。

David的每一條斜槓，是不計得失、不論成敗，全心投入所相信的領域，用生命刻在身上的一條條斜線。他將自己在工作道場的養成歷程、思考邏輯和關鍵選擇的判斷點，整理成書裡一道道的通關密碼。

他相信未來會有更多年輕人能擁有這個超能力，更多企業具有辨識斜槓人才的能力，他希望透過自己寫下的這本書，爲新一代的工作者與企業解鎖，讓人才與企業未來有更多彈性與可能。

希望David用深刻人生歷練寫下的書，能鼓勵你勇敢地按下生命快轉鍵，踏上自己的旅程去探險，找出自己的人生通關密碼。

推薦序二

一個高中學弟的緣分

穀神星資本創辦人　陳儀雪（Yvonne Chen）

老子《道德經》說：「道可道，非常道；名可名，非常名。」其實是在講述宇宙萬物運行不滅，從春夏秋冬到生老病死的自然循環，再到種因得果，善有善報的人生正道。對應到20年爲一運，三運爲一元的「三元九運」循環，今年是八運的最後一年，而明年是九運的第一年，這個世界將進入到全新的互聯網高科技和身心靈時代。值此大運的交接期，出現了吳德威（David）這本新書，把他從奧地利出生、在臺灣成長，去美國深造，再到工作及創業，行走歐美亞江湖多年的心法，精化成十個密碼無私地分享給大家。他的感嘆和建議，無一不是親身觀察，深刻體驗之後的刻骨銘心。不僅是給年輕同學，剛入社會的新人，資深職場人士，創業中的勇行者，甚或是國家級領導位階的長官們，這本書可以是一本提供通往最後眞正成功和社會豐盛繁榮的武功秘笈。書的內容就像是史蒂芬．史匹柏（Steven Spielberg）執導的《一級玩家》（Ready Player One），結合了科幻、遊戲、刺激以及特效的極致電影，精彩可期，也期待大家可以從書中找到做人做事的方式和眞正的成功祕訣。

David是我的高中學弟，但我們那時並不認識。現在我一說到他就不得不豎起大拇指，連聲說好說讚，而仔細回想這幾年與學弟的相識緣分還頗爲特別。多年前我已經是中經合集團的合夥人，有一天接到了David的電話，當時他是雪豹科技的董事長。那時的我在國際無線通訊產業多年，也有早期投資（VC/CVC）的創投經驗及成功的投資績效（track records），從新竹到矽谷，一路從台揚科技、開發國際、漢鼎、宏達電策略投資到中經合集團，算得上是業界老手，卻被David誤認爲哲淵（NextDrive創辦人／執行長）的祕書。我當下不動聲色，因爲David做人頗爲客氣，我也就不說破。後來David匆匆進入會議室，一聽見我開口說話，我高八度的嗓音立該讓David發現我不是哲淵的祕書而是董事。他馬上跟我致歉，我並不介意，從此也展開了我們之間的奇妙緣分。一年之後，我設宴款待先父的家鄉好友，而David帶著海南文昌同鄉會的會長一同赴宴，我才發現原來我們的緣分不只是創投新創同業，附中的學姊學弟，還有同爲海南島老鄉的土親淵源。

這樣的巧合還不止一個，我是在美國的匹茲堡大學拿到碩士，學弟後來也在同城的卡內基美隆大學拿到學位。而學弟創辦了可喜空間，以人爲主軸，推動大家庭型態的共創空間，在我們有機會合作之後，對他也有了更進一步的認識。David不只創業能量和創意源源不絕，執行力驚人，行銷及國際化也是實力雄厚。而我們在待人處事的態度上有很多類似的地方，我們都堅持利他思維，很積極地投入新創領域和相關公衆事務，像是我擔任母校匹茲堡大學校長全球諮詢顧問委員，也參與台灣全球連結發展協會，中華民國數位金融交易暨資料保護協會，和美國在台辦事處支持的女性創業學苑（Academy for Women Entrepreneurs, AWE）等組織。我們的個性也都是勇往直前，不畏人言，尤其我們的創業理念更是非常相近。

2018年我和前漢鼎同事Bonnie一同創立了穀神星資本（Ceres Capital），我們有著多元豐富的創投、產業、外資及CFO/CSO經驗，從buy side到sales side，我們的新作法是把創投延伸到駐點創業（Entrepreneur-in-residence）及策略投資顧問，也就是將投資評估（due diligence）的時間點提前，選擇我們覺得頻率相合、價值觀及理念相近和緣分具足的創業團隊，提早投資並和他們一起前行。這樣的理念，剛好和可喜空間的精神不謀而合，因此我們也有幸參與可喜這個大家庭，協助其中一些成員們的成長，實現David 在書中所說的「從零到一」。也讓這些剛從學校畢業，或是還沒畢業就創業的團隊實現他們的夢想。例如台灣podcast平台的領導者—Firstory，就順利得到了KKBox的投資及合作；做循環包裝的ESG大使—配客嘉（PackAge+），曾拿下過可喜空間新創大賽的冠軍，他們和連鎖品牌的AI廣告宣傳平台—串串，也一樣繼續成長並擴大市場。其中，2022年剛被日本動漫娛樂電影大廠（Dream Link Entertainment

，DLE）購併的群衆募資平台──MYFEEL，不僅將市場拓展到馬來西亞和日本，更因爲DLE是隸屬於朝日新聞這個日本數一數二的新聞媒體集團，而有了放眼全世界的未來佈局及發展基石。對MYFEEL的創辦人及執行長Tim來說，自從被DLE併購之後，讓不到30歲的他能夠站在巨人的肩膀上，握有舉足輕重的影響力。創業時還在讀政治大學的Tim可能想都沒想到，五年後自己的事業會從零衝到一百吧！Tim的成功實例，證明了年輕就是本錢，也充分驗證了互聯網思維就是當代台灣企業走出去的成功關鍵，而這些都是David在書中所揭示的觀念。

看過David的書之後，我也想提醒大家進一步思考怎麼樣才是眞正的成功？美國著名的管理學大師史蒂芬．柯維（Stephen Covey）曾在《與成功有約：高效能人士的七個習慣》一書中說到，眞正的成功不是當下的有錢有權，而是要到我們離開人生的當下才能蓋棺論定：關係平衡，健康快樂，和雙贏互利等等，而David所奉行的觀念正是這種長遠的成功心法，剛好我也奉行無礙。從過去投資的衆多成功案例當中，我得到了一個結論：要大成功，絕對是需要時間，需要耐性，需要對人類、對地球、對社會有一些使命感，需要有利他不自私的付出，這樣在大家都享受到這個投資所帶來的益處及便利之後，才會有預期之外的大回報。這個回報可能是金錢，也可能是健康，也可能是友誼或是幸運。像是之前在漢鼎時期（2002），我看好一家區域性的3G晶片公司，幾乎就要投資六百萬美金，但最後因故沒能完成，結果該公司在2007年成功在美國NASDAQ上市。幾經併購之後，當時的創辦人也跨入半導體投資行業，並且開口邀請我一同參與。卽使我最後決定留在台灣的創投發展，不過，回想起對方的邀請，還是讓我覺得有種意外的驚喜及好運連連的讚歎。這也就是David在書中所說的「功不唐捐」，過去的一切努力不會白白浪費，美好的緣分總會在未來的某一天回頭相遇！

看到David在書中說台灣產業要跳脫過去代工製造的傳統思維，我認爲創投也該如此。台灣第一代創投的成功，其實大多要歸功於當時政府的高瞻遠矚及無私爲公，加上台灣全民想要脫貧脫困的共同努力。這並不是僅憑一人之力，單靠創投領導人或是其二代接班人就能做到的成果。可惜大部分人並未能夠跳脫傳統的個人英雄主義迷思，沒有認清他們個別基金成功的「果」，其實是大環境共情共聚而起的「因」。更何況當今的時空環境早已和當年不同，各路人馬英雄輩出，各種尖端技術也風起雲湧，現在的創投要靠合作共贏才是！創投眞正的成功要到蓋棺才能論定，而不是一代拳王，風光一時卻稍縱卽逝。所謂「財聚人散，財散人聚」！共勉之！

最後，也希望你能和我一樣，因爲讀了David的書而發現更多屬於你自己的想法。

推薦序三

對成功的巨大堅持

可喜空間共同創辦人　廖嘉翎（Kate Liao）

2023年2月的某一天，我跟David約在他家樓下，請他幫我在入學申請推薦函上簽名。

雖然是將屆45歲如鐵一般的實質中年，我卻決定再度返回校園讀書，這不是一股衝動，我已經盤算多年。因爲需要有力人士的背書，讓我的申請資料看起來更紮實可靠，我馬上想到David，他毫不猶豫一口答應。請他簽名的那天，我們其實已經有陣子沒見，閒聊之間，他提了一下他目前有個寫書的計畫。

出書一事，對於從我們認識開始我就看著他一路在解新任務的David來說，並不是什麼令我驚訝的消息，倒是他的下一句話：「我想請你幫我寫序」，大大的讓我愣了一下。

在此並非台灣人傳統的謙虛美德使然，而是說實話，我雖然過著努力打拼來的順遂日子，但絲毫不是可以列在書腰上的那種顯赫人物，至少就我所知，David有幾十個至交都是大名鼎鼎的各界翹楚，結果他出書竟然找我寫序，這不僅讓我受寵若驚，甚至感到有點擔當不起。

這幾個月，David把順好的章節依序寄給我，我一面拜讀一面雞婆的替他校稿，看著看著，常常心有共鳴之外，某一天我忽然心念一轉，覺得他找我寫序眞是再恰當不過了。

我不知道這是不是他打從決定寫書之後就有的盤算，但是，他這本書的受衆，大概就是像我這樣的人吧。我在認識David的那時候，雖然早已不是初出社會的少年人，但只空長了年歲，mindset與見識跟新鮮人相比也成熟不了多少，與他共事的過程中，他經常與我們分享新的想法與過往的經驗，他會先說一個故事，再像小故事大啟示那樣帶出他眞正想揭示的觀念。這麼多年，我有時僅僅只是在一旁看著，也能從他身上學到很多事情。我們會打趣的說David眞的是太有教育癖，但我相信無論是他的下屬、後輩或親友，一定都曾經從他的言行舉止當中得到很多啟發。

身邊的朋友都知道，我從來不諱言David是我人生的貴人，我們因工作相熟，他知道我是他父親吳庚老師的學生之後，更是待我親近如自己人。公事上他是一個難得的老闆，把任務交辦給我之後就給予全然的信任，放手讓我自行發揮，有時候我懷疑自己的能力或選擇，他也會提點、協助我，讓我從實作中學習；私底下他也是非常眞心的朋友，2017年我打算辦一場個人演唱會，那原是我因爲熱愛唱歌，給自己列下的人生清單中的一項，他知道了之後，不但跟我拿了我演唱會的海報貼在他自己董事長辦公室的大門上幫我宣傳，還贊助了一筆金額減輕我的壓力，這些支持都不是表面的，因爲演唱會那天，他就坐在舞台下方正中間聽完一整場。我特別聲明，當天的活動人數爆滿，而我可沒有特別幫他保留座位——他是自己提早來占位子的。

這本書表面上像是寫給年輕人讀的勵志工具書，教他們如何在學校階段、出社會的初期，有意識地對自我進行評估，要珍惜光陰、莫妄自菲薄、避免踩那些大家都踩過的雷，可以更有效率、更有自信，以更快的速度離目標更近一步。但我從書裡體會到的更多是「做人」，不要迷信名校名牌、犯錯的時候不要用話術包裝自己的失誤、抬頭挺胸、眞誠待人，這些都是不管什麼年紀、什麼世代都適用的德行。

David曾經多次跟我在餐敘或小酌時，爲了那些當下的困境而黯然，我們懷疑爲何上天不獎賞良善，爲何勤勞努力卻沒有報償。如今他寫下來的是檯面上美好亮眼的成功，而大家看不見的地方，他持續鴨子划水在實現他的理想。

願各位能從書裡擷取到David輕描淡寫背後的，對成功的巨大堅持。

自序

不畏人言，勇往直前

吳德威（David Wu）

在撰寫自序的此刻，正是2023年的五月天，我已經進入職場24年了，前面的12年是就業，後面12年則是開始創業或是幫助他人創業，期間管理過的人員將近千人，幫助過的年輕人也應該已經破千。我曾做過或是投資過的行業跨界很廣，包括消費性電子、交通、餐飲、共享空間、電商、App、遊戲、直播、IT、互聯網、Fintech（金融科技）、區塊鏈、創投等等，也因此有機緣和許多傑出的年輕人共事。跟我合作過的年輕人，往往都是從大學甚至高中就開始跟著我學東西，有一天，他們離巢就會發光發熱，甚至成就遠勝於我，而其中大部分的人都能和我個人，或是與我相關的公司保持長期合作。而受到內心裡那股利他思維的驅動，我一直熱衷於參加公益組織，在學生社團和白領社團擔任導師或是董事，這也讓我接觸到很多校園裡的學生和職場的新世代。我幫無數求職者和老闆媒合人才和工作機會，讓我像是一個人肉104。累積的人脈成爲了我的優勢，而彼此沒有利害關係的幫忙最讓我有成就感。而今，我47歲了，我的大兒子也已經快要大學畢業，我很自豪自己這一路都能保持對於新世代的理解，並且洞見當代青年所面對的問題。無論是與我共事，或是透過我的介紹而展開新職涯的年輕人，我都很開心能參與到他們的成長。

講一個特別的例子好了，我在政大的產學合作裡，認識了一個聰明的外交系學生賴垣均，他聽了我幾次課就來到雪豹科技實習，後來也到可喜空間打工，畢業之後進入我介紹的區塊鏈公司上班，並同時準備國家考試。我們常常聊天，他有很多夢想，例如學習泰文、不想只是做外交，也想轉讀金融等等。有一天，我想爲在念小學的小兒子請一位英文家教，賴垣均介紹了一個政大的外籍學生給我，來自聖露西亞的他，名字叫做Victor Keril Daniel Elombe。不只有著一口道地的流利英文，他的聲音也很好聽，對音樂很有興趣。我很喜歡聽流行歌曲，覺得他很有實力，所以鼓勵他不要再當家教了，可以想辦法半工半讀，找一些讓他可以進一步發揮自己天賦的工作。後來他開始表演，林之晨在辦生日會的時候也找他來現場演唱。又過了兩年，他參加「聲林之王」的比賽，一張外國臉唱起了國語情歌，這讓蕭敬騰、林宥嘉、潘瑋柏、Lulu、小宇等等評審老師訝異不已。他一路過關斬將，搶進決賽，成爲了大家熟知的「黑豹」韋喆。如果你沒聽過他的歌，可以很容易地就在YouTube找到他天籟般的歌聲。後來味全龍在嘉義的活動，我也特別邀請他擔任開場嘉賓獻唱。他是一個大學剛畢業的外國學生，但他在臺灣找到了自己的舞臺。我們之間的異國緣分，只是萍水相逢，而我的孩子現在每次看到他上電視就興奮大叫。從賴垣均到韋喆，這些年輕人與我的相遇，為彼此帶來了想像不到的經驗。

當然，不是每一段與人相遇的緣分都會這麼美好和快樂。早年我曾經在商周、遠見的專欄裡，抒發作為CEO的痛苦與切心，特別我常選擇風口浪尖的行業，業務已經夠心累了，人還常常出問題。有時候苦心提拔新人，但對方不領情就直接走人；有時候進用中高階主管，結果發現他們在公司作威作福，到處說我壞話。也曾有人在我面前大哭，說前一個老闆有多壞，向我求一份工作。當時我覺得「好吧！那就幫幫他」，反正自己得要全球出差，需要設置一個高薪職位請他顧家，幫我分擔內部管理重任，沒想到他進了公司不到幾個月就開始興風作浪，等我回到臺灣之後居然跟我說年終獎金不發多少以上就要告我。我快快把這幫人送走，但他們去哪家公司都搞事，藉勢藉端，赫赫有名。甚至後來還有人創業前向我借錢，我二話不說借了他卻是欠錢不還，問他怎麼回事卻還反問我：「David哥，你很缺錢嗎？」我曾說過：「忘恩負義不意外，恩將仇報是常態。」這時只能怪自己識人不明，有眼無珠。而和我有一樣經驗的CEO很多，光是閉上眼睛，想起自己當初怎麼會引入這樣的中高階主管，或者投資了一個騙子，還拉著朋友一起加入，就會覺得對不起公司的股東們而感到慚愧，也讓許多CEO得要吃點安眠藥或喝點烈酒才能入睡。處在CEO的同溫層裡，我們常常彼此安慰著。

即使這麼煎熬，我還是不希望這些不好的緣分打亂了我的初心。說到底，利他是爲了他人，不是爲了自己。這樣的想法，來自於我父親的身教言教，因爲他是一個不求回報的人。祖上來自海南島的他，其實是遺腹子，戰亂讓他從未見過自己的父親，也因爲親人早已不在，他從未返回海南島的家鄉，堅持臺灣就是自己的家，也堅信民主與人權。國臺客英德五語兼備的他，從1985年到2016年，中間橫跨四位總統，藍綠兩黨無不以他的公法意見做爲參考，他也奠定了台灣從戒嚴走向民主的憲法工程以及特別權力關係的理論基礎，而全臺灣學法律的學生應該沒有人不認識他。這樣的背景，讓他總是想著要幫忙人家。先父幫過許多人介紹教職或是推薦職位，而他生前曾告訴過我，雖然有人在他前面說一套，在後面刺他一刀，但篤信天主教的他淡淡地說：「不要恨人家，以後少幫他一點就是了，但幫人還是要做的，只是你不要期待回報，因爲你當下眞的很難辨認這個人值不值得你幫。」先父並不會因爲一些人的言行而改變自己幫助他人的初衷，他只是在重要的事情上更謹愼地選擇合作的對象。像是他的三本傳世之作，已是參加國家考試的必讀「聖經」，而他當年從學生輩的後起之秀當中，找到了三位國立大學教授來承接這三本書，這樣在他身後才能持續更新改版，幫助更多新世代的學生。先父仔細觀察之後認爲他們不只學術能力強，而且人品高尙，值得託付。果然他們現在都已經是校長、院長和所長的等級，這三本書也在他們的努力之下得以不斷精進。

「不要停止幫助人，看清楚一點就好，善惡有報。」這話，一點不假。

這樣的心情，也讓我有了寫這本書的動力。這本書的概念，很像韓劇《金牌救援》（Stove League），用棒球隊領隊的故事來解釋管理的道理與企業經營的現實。想要帶領一個團隊，無論是企業界的經營團隊，還是運動界的棒球隊，都有相似的管理關卡，需要領隊密碼才能通關。在這本書的寫作過程中有許多糾結，我怕得罪人、怕顧此失彼、怕太誠實，想東想西，寫一寫又刪掉，因此遲遲未有進展。而在我人生當中，也曾不只一次被人用黑函攻擊，對方可能是競爭對手，找了政治人物或是媒體來當打手。原本我一直認爲，子虛烏有的事就不需要回應，不要幫這些人增加曝光度或點閱率。但其他的媒體朋友和年輕的創業者們都勸我，現在已經不是一個清者自清的時代，我得反擊。因此我後來在個人臉書一次講清楚，我根本連涉及一個司法案件都沒有，僅僅只是「幫新創做生意」而踩到了人家的地盤，所以對手可以聯合其他勢力在我頭上來個欲加之罪？

經過這次經驗之後，我開始更勇敢了一點，敢發聲說出自己的話。我們會遇到什麼人，都是一種緣分，只是好壞之別而已，美好的相遇讓人快樂，意外的衝撞則讓人切心。面對這些未曾預期到的風雨，我仍相信善惡有報，也不會停止幫助人，但總是提醒自己看清楚一點。當我進入創投產業之後，更覺得「如何看清楚人事物」是最重要的領導智慧。這也是爲什麼我在生涯和職涯轉換的這一年下定決心出書，就是要總結過去這24年累積出來的跨界經驗和管理心法，希望能夠用自己的故事，給其他人一個參考，讓他們能有另一個角度去看清人事物。如果你在職場，無論你是上司或是部屬，都能從中看到對應的管理方法；如果你是球迷，你也能看到職棒的門道；如果你是學生，還能看到成長的觀念和成功的故事。

在此，我要感謝我的母親和我的家人，這些年默默支持我的事業，也支持我出這本書，對於他們的虧欠，一言難盡，而他們想保持低調，不想要在這本書裡放他們的照片，我也就什麼照片都不放了。我要感謝好友Jenny、Sara和Lisa 陪我完成這本書，還有香縈、Nini、詩閔及驊軒組成的這個團隊協助處理很多出版和行銷的細節，最重要的是這本書的共同作者周汶昊，他曾協助吳志揚、王建民、周思齊等球界名人完成相關著作，這些暢銷書的內容往往不只是棒球本身，而是跟我這本書一樣，想要傳遞價值觀、管理哲學、以及該如何克服困難的心境。汶昊兄非常有經驗，我爲了請他幫忙，遠赴美國德州小鎮親訪他和他的家人，他一看到我就知道我所爲何來，甚至第一天就講出了我出書的顧慮、我需要考慮人際之間的問題、以及出了這本書之後可能帶來的回響。在見到我之前，他早已做足功課，一一化解我的猶豫，讓這本書得以回憶了我的精采人生以及職場經驗，並對於幫助過我的貴人們表達我滿滿的感謝。像是可喜空間的股東們，包含皇龍開發、幫我寫書序的曾薰儀、陳儀雪以及廖嘉翎。曾薰儀是我在網家集團露天市集的長官、陳儀雪是創投界前輩及我的天使合夥人，廖嘉翎則是我父親的學生，後來以斜槓方式跟我一起工作創業，她是了解我們全家人的好朋友。而其他共同推薦人，也都是跟我在工作上有著共同情誼，在業界也極負盛名的大人物。我非常感謝他們的支持，我們一起把這本書定調爲一個就業者、創業家、企業家都會有共鳴的內容，這不是棒球書，也不是回憶錄，而是眞實面對生涯職場的難題與挑戰時可以參考的工具書。

最後，我要感謝正在閱讀這篇自序的你，希望在接下來閱讀這本書的過程當中能夠發現到你需要的內容。即使你不見得認同我的每一個想法，但這個社會確實需要更無私的利他、新創需要更強大的支持、產業需要更全面的改革、國家需要更明確的發展戰略，而最重要的，整個大環境的風氣必須更加正派，我們的孩子才不會在鍵盤文化、洗腦短影音以及網軍治國下長大。新一代的年輕人，也應該要學習如何從面對面的交流和相處，或是從閱讀文字之中去認識一個人和他／她的想法，而不是只能從網路或是別人那裡聽說片面之詞，而成爲「盲從標題黨」的一員。

「理未易明、善未易察」，你眞的認識你自己、認識我、或是認識臺灣這個環境，乃至於認識這個世界嗎？這本書或許會給你一個不同的答案。

Section 1. 中心思想：做甚麼，像甚麼

任何人走到一個新位階，都是因爲前一段人生的累積。就好像念完了高中可以上大學，或是做過學徒之後足以當上師傅。你做了前面的工作和職務，讓你能夠換到下一個公司或是在同一個單位往上升遷。

我之所以能夠走到味全龍領隊這一步，靠的是我生涯前段的累積。這段時期，我所處的階段仍在解碼領導者的角色及測試更有效率的帶隊方式，從無到有的第一章，就在類比轉成數位的零與一之間完成，它也成了我永遠的十字架：是我的責任，也是我的信仰。

而第二章則是利他思維，爬上那個位置，不是重點，而是如何待在高點而不墜。幫助別人，不是爲了當老大，也不是當老大之後才要負責任，而是一種來自庭訓的自然而然。但成就別人，不等於完全犧牲自己，畢竟我在領導上並不是以慈善奉獻爲志業，割肉餵鷹的狗血並不是領導統御的核心。怎麼找到平衡，而不是全身投入單一方的天平，

就是領隊密碼的第二重點。

至於第三章則是在編寫領導通才履歷表：單一而直線的編年方式不適合我，同時而全面開展的水平串聯才是我最自在的發揮。我曾在同一時間斜槓了十一種不同的角色，這些身分都給我了各自的視角和限制，我也因爲這樣的多角化而長出了長短不一的觸角，讓我更容易和不同的環境及職務接軌，並融合出新品種的我，也成了我在用才和選才時的重要原則。

第四章回顧了年輕的自己，看到生涯故事的起點，也讓我意識到年輕的四大本錢，只要保持空杯心態，持續小步快跑，大膽試錯，不停迭代，好讓自己的認知能夠再度升級，若是遇上了拖棚的歹戲或是沒有必要的過場，就照樣按下人生的快轉鍵去跳過。這樣就有機會創造屬於自己的成功職涯及人生。

Password

1. 從零到一的十字架

內容摘要：新創品牌從無到有的阻礙和克服的心法

【提問】

如果，你在找工作的時候，有以下這兩家公司同時和你聯絡，希望你能考慮去他們那裡上班，你會選擇哪一家？

A企業是一家不到五個人的小公司，其實才剛剛起步沒多久，它屬於科技領域的新創產業，感覺起來很有前景，但未來的發展沒人說得準。

B企業則是超過兩百人規模的大公司，同樣是在科技領域，但它已經開業了二十年，不只業界知名而且業務穩定，最近還有擴大營業項目的計畫。

聰明的你當然會先反問我，這要看你應徵的職位是什麼？然後哪一家薪資條件比較好？甚至公司的距離遠近也會是考量因素之一。那我就把條件說明白一些：你要應徵的是高階主管，而這兩家公司從月薪、獎金、福利到辦公室位置都幾乎沒有差別，這時你會怎麼選擇？

換句話說，你是想要在A企業當開國元老，還是去B企業做治世能臣？

鑲在我骨子裡的十字架

這樣的問題，每一個人做答時的考量都會有所不同，從個人的興趣個性、職涯經驗到技能包組合，都會影響其選擇的結果。最終選擇哪一個企業也並沒有絕對的對錯，這只是一種個人的取捨，並沒有放諸四海皆準的答案。而我自己的答案，則是會直覺地選擇到A企業去當開國元老。

在解釋爲什麼我會這麼選之前，我得先要坦承一件事：

我對於全新而未知的事物有著強烈的興趣和探索熱愛，而每當我走到一個十字路口時，接下來我可以選擇繼續往同一個方向走下去，也可以選擇往一個不同的方向去探險，此時的我，總是會忍不住想要轉彎。

這個在十字路口的轉彎，並不是一百八十度，而是九十度。也就是說，我雖然轉了彎，但並不是迴轉。我並不是去走回頭路，也不是徹底放棄了先前的路線，或是反其道而行；正確地來說，我其實是在現有的發展路線之上，創造了另一個加值方向的新機會。過去這一路的發展和努力，讓我能夠走到如今的這個十字路口，也讓我有了轉向的可能性。

這個十字路口的選擇，正是我職場生涯的寫照，它也成了具有象徵意義的縮影，變成鑲在我骨子裡的十字架。

所謂十字架，指的是一種信仰，也是一種承擔。我若是信奉一個價值觀，我就會全心的投入，而在實踐的過程中所遇到的種種阻抗和困難，我就是出力去扛起來。就算有什麼意料之外的責任和包袱，也是一個接著一個地揹起來繼續走下去。

旁人看來，在我個人職涯的道路上，我就像是揹著一個信仰的十字架在前進，這不是世間的宗教，只是我專注的焦點。這樣的十字架，你可以說它成了我個人的標記，也可以說它是我一直以來的追求。

從零到一 vs.從一到一百

回到一開始的問題，如果要你選擇，你會想要在一家新創的小公司當開國元老，還是直接加入一個已經有兩百名員工的大公司？

我選擇了前者，是因爲我喜歡創建的工作，不愛單純的守成。即使我已經成功創建過公司，但我依舊熱愛那創業的過程，如果有機會協助他人創業，我也會重新挽起袖子，充滿熱情地跳下去一起做。那就是我骨子裡鑲著的十字架印記：只要我走到了一個十字路口，在持續往前直走的守成，以及向右向左轉去創造新的可能之間，我都會選擇後者。

若是用數字來比喻的話，從無到有地創建一家新公司，就像是「從零到一」。而加入一家成熟的企業，做一個治世的能臣，則像是「從一到一百」。

從零到一，是我認爲這世上最艱難，但也是最有收獲的一段路。對任何白手起家的創業家來說，成功創業之前的過程，都像是在黑暗的隧道裡伏低著身軀前行。這樣的隧道不只很黑，伸手不見五指，而且還很狹窄，很低矮，地面很滑，一不小心就會跌倒，加上左彎右拐地一堆分叉口，走錯了就會迷路回不來，可說處處都是危機。

決定走進這條隧道的人，只能彎曲著膝蓋，用手摸著濕滑的地面往前慢慢地走，在試著摸索出方向的同時，也得小心額頭不要撞上突出的石頭。

畢竟創業就是在尋找未知的可能性，對於網路產業的新創企業更是如此。當你有一個原創的想法，想要成爲業界未曾見過的獨角獸時，外界潛在的威脅卻是這麼多，你能夠參照的前例就是這麼少，隨時你都有可能會滑一大跤，意外地一頭撞上牆，或是做了錯誤的決策而走錯了接下來的方向，這些挑戰，在在都讓你創業成功的機會變得這麼小。

很多創業家們都堅信著自己能夠挺過這一段路，找到成功的出口，但並不是每個人都能如願，很多人在中間受了傷，迷了路，甚至放棄了往回走，選擇退出這個看似沒有盡頭，又沒有希望的隧道。

所謂的「從零到一」，就是在面對這「無中生有」的這一段路，那「無」就是指在隧道中無窮的黑暗，想要創業的人們只能撐住，直到遠遠地看見有光的那一刻。

就現實的工作來說，所謂的「從零到一」，就是從公司登記開始的一切柴米油鹽：無論是找辦公室的地點，還是買辦公室的傢俱等等細瑣的庶務工作，還是產品的設計、服務及發布等核心業務工作，以及籌資、募資和分發薪資的財務工作，再到客戶開發及管理這樣後端的勤務工作，做爲創辦人的我都得親力親爲。就像是在暗房裡，從沒有具體方向的模糊當中，一點一滴地把藍圖給顯影出來。

像是雪豹科技，就是一張桌子開始，那時黃麗珍、趙郁竹、許雅文、王劭恩、楊之瑜等早期夥伴和我在基隆路的商務中心租了一個小空間，就從那裡爲起點開始一路成長。在搬了三次家之後，雪豹搬進了臺北101大樓辦公出租空間中最高的83樓，那時員工超過了兩百人，開發出十幾項不同業務。公司在壯大的過程當中也培養了將近千名的網路產業人才，他們開枝散葉，而今在各種不同的領域繼續他們的個人發展。

從這個角度來說，雪豹就像是臺灣互聯網領域的黃埔軍校，而這樣的位階，也是在移動互聯網發展初期才有機會參與和創造出來的特別機緣。

對雪豹來說，那段只有四個人一張桌子的日子，就是「從零到一」。在成功創業之後，當然得要繼續發展公司，持續壯大，而在這「從一到一百」的過程當中，要面對的問題一樣不少，挑戰也非常艱鉅。

只是在我看來，想要平地起高樓，最硬的工作還是往下打樁做地基，那是從外觀上看不到的累積。若是創業沒有成功，這一層的努力也就永遠埋沒了。在完成了第一層的工作之後，接下來公司想要從一走到一百雖然也不容易，但公司已經具有一定規模，可說是萬事俱備。這時我的角色和作用就算發揮得再出色，最多也只是錦上添花而已。

雪中送炭vs.錦上添花

相較於「從一到一百」的錦上添花，我更熱衷於「從零到一」的雪中送炭。尤其在自己嚐過創建新公司那苦裡回甘的滋味之後，我會開始想要幫助其他想要創業的夥伴一同渡過初期的難關。像是當年我協助了TaxiGo這個新創團隊，一路挺過了從零到一的過程，最終這個品牌成功地被外資企業LINE收購成爲了今日的LINE TAXI。

這個新創團隊一開始只有兩個人，分別是來自香港的陳泰成，和臺大資工系畢業的黃佩恩。在臺灣要做叫車服務，其實是一個水很深的產業，傳統的小黃和後起之秀的Uber是兩股最巨大的勢力，再加上南北不同市場的地域性差異，就連在地生活的我都不知道天有多高，地有多厚。想要打進這個市場，一開始就有數不清的問題與挑戰。

而那時的天下大勢，是在地的帶頭大哥全速地整併市場，持續收購著各家車隊，整個叫車市場已經成爲寡占狀態，只剩下少數的利基型小品牌，其他競爭者都已經很難挑戰市場霸主的地位。

在這樣不利的市場競爭態勢之下，這兩個年輕人的構想是不用下載任何新的App，直接利用消費者已經在使用的平臺（也就是全臺第一大通訊軟體LINE）來進行延伸性的叫車服務。消費者直接使用LINE來叫車，由此借力使力，直接跳過新用戶下載軟體的第一道大難關。

我看到了這個構想的可能性，我認爲它將會是叫車市場的獨角獸，有機會在傳統玩家、地區強豪，以及外資品牌夾擊的縫隙之間突圍。只是這突圍的過程必然會格外艱辛，種種鋩角需要注意，層層阻礙擋在眼前，而一旦我心裡那股勁被喚起來，就連我都抓不住自己。

然而，並不是每一次的「從零到一」，最後都能夠打開成功的局面。像是我在2020年擔任PChome網路家庭集團負責總體業務之餘，還要扛下前人創辦的「覓去」

（MiTCH）擔任執行長，負責推動這個全新的時尚電商選貨平臺上線，最終仍是以關站收場。而在當時，並沒有什麼人要領這樣的工作去做，既然當時的董事長交辦，我依然做的興致高昂。

這是由網家集團和日商三井物產合資成功的服飾垂直電商平臺，透過日資企業在當地的品牌基礎，讓我們在平臺上所販賣的服飾和配件，在日韓時尚商品之中有七成是來自於日本的當地品牌，加上網家集團的物流倉儲能力，我們預先把商品運回臺灣，讓消費者在選定商品之後，即使是日本當地品牌也一樣可以在24小時快速到貨。

同時，我們還在微風南山開出旗艦店，這也是PChome集團旗下第一家實體店面，讓消費者可以在實體店面試穿，然後選擇在網上訂購，徹底串聯線上和線下的雙重綜效優勢。

一切的構想聽來如此令人心動，也充滿了極高的挑戰性，而要把這樣的概念付諸實現，就是要把網站架起來，把合作店家找進來，然後把微風的店面開出來，這一切都是「從零到一」的過程。

和其他新創事業相比，MiTCH背後有網家集團的能量來支撐，這一點是非常幸福的，而我在其中的角色就是幫助建立起這個新創電商平臺。可惜MiTCH沒能達成破億的營收目標，最終它得在2023年的第一季結束，即便在PChome24購物時期有些成績，後來擔任露天市集職位也有些進展，但MiTCH始終是遺憾。

放不下從零到一的十字架

面對自己參與的新創事業品牌，在成功完成「從零到一」的初始工作之後，通常我都會選擇交棒，讓新的團隊接手去進行接下來的「從一到一百」。然而，有時事實並不如想像中順利，可能我會發現沒有人可以接下這個棒子，也可能我把棒子交出去了之後又得要回鍋。

就像臺積電的張忠謀離開了之後，過了幾年公司的發展方向和他預期的不同，於是決定重回舵手的位置。類似的狀況，也發生在我所新創的共享辦公室「可喜空間」身上。

可喜空間是我們在共享經濟時代所推出的新創品牌，早在2015年，我在出訪愛爾蘭時看到當地老牌的愛爾蘭銀行把二樓空間重新定位爲think tank的共享空間，也曾在德國看到把舊工廠變成共創空間，都引發了我對共享辦公室的想像。

那時我看到的愛爾蘭銀行，是在大英帝國時期1783年就成立的金融機構，在愛爾蘭獨立之後的好一陣子，也承擔了愛爾蘭中央銀行的地位。而在他們的大運河旗艦分行裡，跟著移動互聯網以及金融科技（Fintech）的思維，在原行的二樓規劃了「共享空間」，除了一部分保留爲傳統銀行業務之外，其他開放給創業者進駐，從中順利媒合了許多投資案。在協助新創產業的投資之後，更是爲銀行原來的業務帶來豐沛的活水。

有了這樣的先例，我在2017年開始著手推行可喜空間的新創工作，此時WeWork和JustGo這些一線的國際品牌才進來臺灣一同搶市。在新創的過程當中，可喜空間曾容納了上百個不同新創團隊，上千個年輕人從可喜空間之中獲得事業發展上的協助。

我們一直都不以加速器或孵化器自居，但卻願意提供更加值的區隔化服務。即使我們仍是守著共享空間的本分，獲利來源是以出租辦公空間的租金爲主，但在這個在地品牌的共享空間當中，我們一同發展出了新創品牌之間的獨特感情。

對彼此來說，他們都曾是同一個辦公室裡的「室友」，有著像是鄰居般的情誼。大家都記得當時年紀小，窩在一個小地方的感覺，後來長大了之後也會懷念彼此，而保持著特殊的感情。

這就是可喜空間和外資品牌不同的地方，除了發展出特殊的情感聯結之外，還有一種對「共享」的理念堅持：在這個共享空間裡，知識和資訊都是可以共享的資產。

相對於外商品牌只是在經營商務中心，可喜空間則是替我們的租客提供加值服務，讓入駐的新創夥伴可以在這裡找到導師，任何創業有關的法律和財務方面的問題諮詢，都可以讓人問到飽。所謂行政資源的支持，只是我們最基本的服務，可喜空間不只是做到硬體上的空間共享，也同時做到軟體上的觀念及資訊共享。

這樣一個充滿感情和理念的共享空間品牌，本身卻有著宿命般的困局。如果我們只招收新創公司的話，那麼這裡就只適合那些進入「天使輪」，在等待接下來的「Pre A輪」投資的新創公司。

因爲還沒有拿到天使輪資金的公司，就只會待在星巴克或路易莎繼續省錢苦撐，不會選擇花租金進駐辦公空間，而在拿到天使資金，並成長到二十人以上的這個天花板之後，若是拿到了Pre A輪資金，他們也就必須要離開，去尋找更大的獨立辦公室。

在扶植一個又一個新公司站穩腳步之後，他們不斷地展翅離巢，也讓我們一直處在招商的不穩定階段。這麼說來，可喜空間就好像小學老師一樣，幫一群新學生奠定了生涯初期的良好基礎，而我們也只能陪伴他們這一段時間，參與到他們生涯的某一個部分。

這是一種「影響力投資」（impact investment），不只是我們可喜空間自己正經歷著「從零到一」的過程，同時也陪著好多的新創公司一起渡過「從零到一」的關口。可喜空間就像是一個大引號，引入了更多的新創品牌，也包括了更多中引號和小引號，從中引出了更多的可能性和影響力。

只是這個大引號在一開幕就遇上了個更大的驚歎號，新冠疫情帶來了整整三年的封閉，隨著工作型態被迫轉變，大家都學會了如何遠距工作和在家工作，不能也不需要去辦公室了。原本可喜空間是以出租辦公、活動和會議室的空間維生，但疫情期間只剩下工商登記的功用，包括外資的成熟品牌也同樣遭受巨大的打擊。

我本來要交棒了，但內外環境的劇變，逼得我也只能重新掌舵，並找來陳香縈出任執行長。她曾經擔任嘉義市工商發展投資策進會的總幹事，工作能力非常全面，而我那時在嘉義及雲林一帶為味全龍進行社區經營，當時才27歲的她是地方政務官，自己開車載我，不辭辛勞地和我一起拜訪了超過50家的小商家尋求贊助和售票。後來陳香縈離開政府單位，我有幸延攬她進入可喜空間，有了她的幫助，這個新創品牌在挺過疫情的高峰期之後已經逐漸穩定下來，目前在臺灣南北依舊設有據點。

味全龍的從零到一

就是因為我對於「從零到一」的熱情和豐富的新創經驗，才會讓我自告奮勇去爭取成為味全龍的領隊，支持這樣全新建立的球隊走過從零到一的過程，讓它得以成功在中職復活。

以前自己創業，自己決定該決定的事，後來要幫助人家創業，才發現其間的難度確實不同。而尋求復活的味全龍，對我來說也是一個新創事業，同樣是從無到有，要把一支完整的職棒球隊給建立起來。

味全龍在2019年才決定要重返中職，從沒有任何球員，到拿下2020年的中職二軍冠軍，我在帶領這支球隊的期間，就是最典型的「從零到一」。我是從頂新集團還不確定是否要復隊時就加入討論，從決定要復隊，到初代教練團選擇，再到行銷、贊助、召募啦啦隊、球員選秀、選場地、和政府簽約、買球具、找住的地方，都是在幾個月內全部搞定。這樣從內到外的全面整合，算是我曾做過最困難的工作之一。

舉例來說，那時聯盟對於新球隊的加入只有規章，還沒有球隊實際執行過。光是我要了解一支職棒球隊一年要花多少錢買球，洗球衣要多少錢，怎麼安排大家吃飯，這些細節都必須在最短的時間內完成到位。

在人力上，我必須加快球隊擴編的速度，首先就完成球員和教練團滿編，接著在硬體上，兩個主場再加斗六球場的簽約也得同步完成，球隊才有地方練球和比賽。再來在球隊的行銷上，六月就舉辦第一次球迷會，八月進行復隊後的第一次開訓典禮，十一月就和澳職打交流戰，並進行第一屆的小龍女啦啦隊選秀，而這些活動都能找到足夠的贊助商，同時要完成票務工作和周邊商品的設計及布建，凡此種種，都是從零到一的從頭組建。這麼快的進度，不但是空前，可能也將絕後。

而當我以外來的專業經理人身分，在傳統企業重新組建一支球隊之後離開，就算是釘在十字架上也是甘之如飴。即使功成不在我，也是完成了我自己的個人信念。我樂在其中，並沒有別人看來的那種辛酸，也並不是把甜美的果實拱手讓人，因爲完成「從零到一」的過程就是我最大的回報，這樣的收獲比什麼都好，而我能成爲二十多年來第一個完成這種任務的領隊，也算是完成了人生願望清單之一。

無論年輕還是資深，一樣都選從零到一的歷練

在開頭的段落，我問了你一個問題，究竟是該要去新創的小企業當開國元老，還是去成熟的大企業做治世能臣？我設定了是要應徵資深的高階經理，而我自己的答案是選擇了新創企業。事實上，就算是應徵新人，甚至是最初階的實習工作，我也建議你不要選擇大牌子的名牌企業，而應該在生涯初期就從小公司起步。

畢竟大公司已經是在「從一到一百」的階段，你進去只能負責初階的工作，難以參與到公司運作的任何討論和執行。我常在演講時和聽講的學生們建議，即使是做個實習生，也不要在大公司影印，而是要去小公司開會。對於一個職場新人來說，這是你自己

的「從零到一」，從零開始建立你的職業生涯。若是能夠參與公司創建的過程，才能真正地讓你成長。

人生的職涯總是會走到十字路口，該繼續直走，還是轉彎去找新的可能，每一個人都有自己的選擇，但我的十字架總是會領著我往新的方向前進，而你，也會在骨子找到你自己的十字架。

Password 2. 利他思維

內容摘要：新創的利他天使，如何才不會變成有翅膀的惡魔

【提問1之1】

半年前，我接到了一通電話邀請我去演講。那是位於中臺灣的一所科技大學，電話中，對方非常客氣地詢問我半年後是否有空。其實，我並沒有辦法確定自己半年之後的行程，然而我仍是一口答應。

行程先訂下來，即使其他後來出現的事情再多，也能避開這個已經訂好的日子。

半年後，我站在學校的講臺上，而臺下只有三個學生來聽。

你問我，會不會覺得跑這一趟不值得？

利他vs.利己：沒有全然的對錯，只是個人的選擇

人生中有許多選擇是介於「利己vs.利他」的二元化光譜之間，看你是要做出對自己最有利的決定（利己），還是對他人最有利的決定（利他）。

如果你問我會選擇哪一個，在職場之上，我都會義無反顧地選擇利他。即使我面對的不是我自己的員工、客戶和工作夥伴，而是素昧平生的大學生、其他企業的年輕白領，或是陌生領域的創業者，若是我有機會幫助到他們，我仍會盡力投入。

對我來說，能夠到大學去演講，尤其是遠離都會區的學校，即使最後只有三個學生來聽講，我也願意跑一趟。就算爲了這場演講，我得事先準備三小時，推掉其他臨時的緊急工作行程，再花超過半天的時間往返，我也有非去不可的心情。我想去，並不是想去享受年輕學子的掌聲，而是我心裡有一種像是傳教士般的驅動力，讓我想把我所知道的成功方法和經驗，傳遞給可能需要的人。

除了去大學演講，跟我有關的公司歷年來也舉辦過無數次的產學合作，包含政大、東吳等大學，這些都是有賠無賞、自掏腰包和雪中送炭的利他個性而使然，我之所以會撒下這些種子，最重要的是我希望臺灣新一代的學生能有更寬廣的視野，有機會知道世

界上其他國家的最新思想、方向和技術，從而擺脫臺灣傳統教育體系的桎梏。

即使撒出了這些種子不見得會發芽，即使長成了綠蔭也不會是我的庇蔭，當我手裡握著一把種子時，我就認爲自己有義務要把它們給撒出去。

和我一樣有著相同利他理念的企業家所在多有，而我也樂於加入他們的行列。像是蔡鴻青先生（前法國巴黎銀行董事總經理）創辦了「種子人才培訓計畫」STP（Seed Talent Program），我就開始擔任青年社團導師，協助訓練新一代學員的工作知識、態度和方法。而在外商金融資產管理有超過20年經驗的石恬華女士，也於2019年發起創立「領袖100」，這個人才公益平臺的理念是引用國外的導師制，一對一地輔導30來歲的職場新生代，進行跨世代的傳承；還有體育署的HYPE運動科技新創加速器、桃園市體育發展基金會，以及新創領袖林志垚、施凱文、黃俊傑創辦的Sustainable Impact Capital（SIC）永續影響力加速器，我也加入一起工作。其中林志垚先生是我出社會時的第一位主管，在我職涯初期就播下了利他的種子。

而對於有心創業的年輕世代，像是曾經和我一起工作的夥伴許詮，他在2016年創建了一個網路產業的工作者社群XChange，而我就在其中擔任顧問；另外，我自己也創辦了紫牛創業協會，同時也長期參與財團法人21世紀基金會，非營利社團或許花開花謝，但我投入利他影響力的心不變。除了演講、上課、一對一交流及互動之外，我也會在商周、遠見等知名媒體撰寫專欄，想要有多一個文字的管道，能夠讓年輕人接軌我們這一代的知識和經驗。每當我在國外出差，還是過著每個禮拜趕稿的日子，其實不爲什麼，只是爲了把當下我所看到的世界趨勢給傳遞出去，讓臺灣的就業環境可能因爲這樣而更好一點點。

我自己創辦的可喜空間，就是順著我心中的利他思維而設計出來的新創品牌。基於我這些年來對於國際市場的觀察和經驗，以及對臺灣在地需求的了解和預測，爲想要跨入新事業的這些年輕創業者們，提供一個眞正有利於他們發展的空間。

面對大學生、年輕白領和創業者這三大族群，我並不是想在他們身上求得任何的利益，也不是在爲自己的企業召募新血，我的出發點純粹就是一種利他的思維，希望能夠把我所知道的觀念和經驗給傳遞出去。卽使有些新鮮人因爲在這些場合認識了我，認同了我所說的方向，後來有緣進入我的企業一起工作，那也並不是我的目的，而只是一個可喜的開展。像是我多次去嘉義大學演講，後來眞的有許多來聽講的學生，在畢業之後因爲地緣關係而加入了我的相關事業。

在這些交流的過程當中，我並不是一個「賣瓜的老王」，想要向一群陌生的年輕人兜售自己的成功來誇耀自我；相反地，我想要介紹給這些未來世代的核心商品，並不是我所種的「瓜」，而是我所使用的「種子」。

這些種子，就是我的觀念和經驗。

我也不會因爲自己是在做利他的付出，就要求對方一定要接受。卽使是面對我自己的孩子，我也一樣沒辦法去強迫他接收我的觀念。像我的大兒子已經上了大學，正是要準備出社會的關鍵時期，而我在大專院校的演講，正是對著他們這一輩的年輕學子說話。我一直希望他有機會能夠來參加，然而，我兒子始終不願意。

卽便不是每一個人對我的利他付出都有相同的回應，我依舊樂此不疲。我也並不期待別人要像我一樣這麼做，因爲這只是我自己的個人選擇。

卽使我在職場上選擇了全然的利他思維，也不會因此就讓我變成了一個完美的人。像我在家庭的日常生活當中，就算不上是一個爲孩子們完全付出的稱職父親，我花非常多的時間在工作上，全力協助我的公司、客戶和團隊夥伴前進，相對地犧牲了我和家人相處的時間。或許這產生了我不希望看到的事情——孩子對我的疏離。

換句話說，我在職場上的利他心態，從家庭的層面來看是一種完全的利己行爲。是因爲我的妻子和孩子們的諒解和支持，放任我全心投入我所熱愛的工作，才能成就我現在的一切。也正是妻子兒女們的利他行爲，讓我得以在職場上堅持自己的利他思維。

有了這一層認知，讓我不會依照自己的經驗，要求其他人也要和我一樣利他。畢竟在職場上，每個人擁有的事物和資源各自不同，在分配的時候也會有自己的原則。無論是時間、金錢、人脈、經驗、技能、知識、體力還是健康，當別人要求我們幫忙的時候，其實就是在問我們是否願意重新分配這些我們手上的資源。對有些人來說，花費他們的時間、體力和技能來做出利他的行爲，這些資源的付出都算好商量，他們都很願意做出利他的決定，但若是牽扯到金錢，很多不願意被占便宜的人可能就決定以利己爲優先。

面對不同的人，不同的事，和不同的時間點，甚至是考慮不同的地點和物品，這種種的「人事時地物」都構成了各自不同的情況。無論是面對哪一種情況，該利己還是利他，這都是你自己的判斷，沒有全然的對錯，只是你順應自己當下的想法所做出的選擇。

【提問1之2】

電影裡的鐵達尼號要沉了，一群樂手仍留在原地拉琴，因爲他們試著想用柔和的樂曲，來安撫衆人驚慌失措的情緒。

然而，這樣利他的舉動，並沒有發揮太大的效果，也沒有得到衆人太多的注意。大家只是四散奔逃，各求生路。

即使眼下已經陷入絕境，這樣利他的行爲是否仍要堅持下去？

面對選擇的結果：從期待和現實的落差之中解放出來

你可能也猜到了，我會是那個留下來拉琴的小提琴手，即使利他的付出看來無法撼動整個大環境的巨變，但我願意犧牲自己來成全大家。就算別人會說我傻，就算別人會覺得這不值得，就算大家都說：「人不為己，天誅地滅。」但我就是選擇了利他，人家笑你是白癡，那又怎樣呢？

只要當時我的心裡覺得這是我想要做的選擇，一切就沒有對錯。這也是順應自我天性而選擇的道路，即使孤獨，也是我最自在的選擇。

話雖如此，許多人選擇了利他之後會感到後悔，所以覺得當時的利他決定是錯誤的選擇。

比如說，即使我們決定要利己，心裡多少仍會感到過意不去，就算我們決定要利他，依舊難免會覺得勉強。一再經歷過這樣的情緒，後來都有可能改變我們下一次的決定，也會改變我們做決定時的感受。好比這次你好心地幫了對方一把，卻發現這傢伙是個毫不感激的白眼狼，於是你下次就決定要自私一點，拒絕再幫忙，而心裡那種過意不去的感覺也不再那麼強烈了。

每當上一次的決定帶來了很糟糕的結果，下一次你就可能會反其道而行。若你上一次的決定偏向利他主義，在下一次類似的情況再度發生時，爲了避免再承受一次糟糕的結果，你可能就會轉爲利己主義。

這很合理，畢竟人都想要從錯誤中學到教訓，避免自己重蹈覆轍。值得討論的是所謂「糟糕的結果」，很多時候指的是自己因爲期待而造成的現實落差：也就是當我們決定要出手幫助別人的當下，心中會不由自主地升起了一種對方會因此而感激我們的期待。而當對方沒有做出符合期待的回應，這期待與現實的落差會引發令人非常不滿的情緒。

對於原本就比較偏向利己主義的人來說，幫了對方第一次，什麼好處也沒有，只是換來一肚子氣，第二次同一個人再來就不用多說了。而原本就期待自己能做一個有同理心，能換位思考，爲他人著想的利他主義者，在經歷過上一次的失望之後，這一次也常常不願意再繼續做出利他的決定。

在我自己的職涯過程當中，我也和許多人一樣會經面對這些心中的複雜情緒與糾結。我不能說我所做過的任何決定，都是百分之百的利他；我也不會說自己心中一丁點利己的念頭都沒有。我不是聖人，也不是得道大師，我無法把全部的自己都奉獻給這個世界而不求回報，也不能雲淡風輕地面對忘恩負義的混蛋。而這些忘恩負義的混蛋，在我人生中爲數還不少。

但我很確定，當我以高階主管的角色做出決策，或是處在團隊領導者的位置上做出選擇時，自己始終是以「利他思維」爲優先。

我確實發現，我先前的期待和後來的現實之間有可能會出現巨大的落差，我也會因此而受到負面情緒的打擊，並懷疑自己爲什麼每一次都會決定要做利他的選擇？

話雖如此，但我也發現，自己會因爲利他而得到眞正的快樂。更因爲這快樂的能量實在太豐沛了，相比之下，偶爾才會出現的負面落差和失望根本不算什麼，如果我因爲要避免負面的失望，而放棄可能的快樂，那我就是「因小失大」了。

這麼說來，其實利他和利己是很難徹底劃清界線的。即使我做了一件不欲人知也不求回報的好事，雖然別人都不知道，但我自己很清楚自己仍會因此而感到欣喜，並在心中肯定自己的利他作爲。這樣的欣喜與自我肯定，也正是一種對自己有利的好處。

即使對方忘恩負義，讓我心裡非常不是滋味，我也試著不讓自己受到影響。因爲我知道，如果我能夠在下一次做決定時，完全不受此一「不良個案」的影響，仍舊以利他思維爲優先，那我會因爲自己的堅持而感到開心。這樣的開心，也正是利他所帶來的紅利。

在職場上，我就是選擇做出讓自己開心的事，而我發現會讓我開心的答案，正是我自己所定義出來的「利他思維」。而我從中獲得的利己紅利，就是那種開心的感覺。

成功學大師柯維（Stephen Covey）在他的名著《與成功有約：高效能人士的七個習慣》裡有提到透過雙贏思維來創造最大的價值，優先去理解對方的立場，同時尊重別人與自己之間的不同，才能找出不是你死我活的第三選擇。在看著成功人士該有的這些習慣時，我心裡反覆琢磨的原則，仍是利他和利己之間的切換方式。讓對方成功是一種利他，而自己能夠隨之成功，則是利他所帶來的利己紅利。

在這本書裡，我想分享的法則是我在職場上該如何確保或是增加成功的可能性。做爲一個「絕對的利他主義者」，我在第二章之中想要表達的重點，是在做任何決定之前，我該如何在利他與利己之間定錨，讓我能夠心安理得地去努力確保或是增加成功的機率。

尤其是在新創事業的投資上，我會先把自己從錯誤的「利他緊箍咒」裡給解放出來，從中獲得利他思維帶給我的眞正快樂，而公司、客戶及工作夥伴也能因此而得利獲益，因爲這個錯誤的「利他緊箍咒」，常常會把利他的天使變成了惡魔。

【提問2】

你有一個創業的想法，但是資金、人力和辦公室硬體是一應俱無。

此時，你期待能夠獲得「天使」的眷顧，讓他因爲看到這個創業想法的潛力，而決定在你身上投資。

經過一番努力，不斷地和不同的天使投資人提案之後，你眞的獲得了第一筆的投資。有了資金，你的新創事業開始有了一點令人欣喜的眉目。

但在興奮之情褪去之後，你漸漸覺得這個天使看起來怪怪的。他總是對你的公司指手畫腳，三不五時要你去報告，開口說要掛名董事長，還說要提高投資回報率。

你不禁懷疑，究竟你遇上的是天使，還是有一雙純白色翅膀的惡魔？

所謂的「天使」，不是有白色翅膀的惡魔

說到惡魔，在職場上有一種人確實非常邪惡。

我在前面已經強調過，面對不同的情況，你要選擇利己或是利他只是你個人的決定，並沒有全然的對錯，至於你要面對的後果，就是期待和現實之間的落差。

然而，這世上存在著一種「假利他，眞利己」的謀略家，實在讓人很難不帶著批判的眼光去評價其選擇的對錯，因爲這些爲數不少的謀略家在玩兩手策略：他會戴起一副利他的面具，其實是爲了掩飾利己的眞相。

在公司裡，有些主管掛在嘴邊的那句「我這麼做，都是爲了你好」，常常就是最標

準的利他面具。比如說，當有位子出缺，有些主管不讓最有實力的屬下獲得升遷，而選擇安插自己的親信人馬，然後再解釋說他的決定是希望這名員工能夠繼續磨鍊，累積更深厚的實力再升上去，不然他升官之後若是栽了跟斗，將會很難再爬起來。這樣看似利他的爲人著想，其實只是掩飾自己對私利的欲望和吃相。

美國也有很多高階主管爲了挽救公司而大量裁員，又對著遭到減薪的員工說要共體時艱，然後自己的年終和紅利一樣也沒有少拿。這樣的人，也同樣是用利他來做爲沽名釣譽的手段，再用利己來當做自己冷酷無情的藉口。

做爲團隊的領導者，若是想要獲得眞正的成功，就必須要徹底地撕掉這樣惡魔般的權謀手腕和虛僞面具。

對我來說，在帶領團隊的過程當中，我的堅持從來都是「寧可人負我，也不願我負人」。我可以爲團隊全力付出而得不到任何預期的回報，但我不肯爲了要獲得利益而犧牲整個團隊和其中的任何成員。

這樣的傾向，其實是來自於庭訓的影響，因爲我有一個廉潔自持，又以利他爲先的父親。從小看著他一路坐上很高的位置，家裡總是有絡繹不絕的訪客，但在我的印象當中，先父卻很少接受他人的餽贈。不管是年節或是喜慶，來訪的客人都是原封不動地把帶來的禮物再帶回去。對先父來說，他不喜歡透過送禮來做社交，無論對上司、對同事、對同學、對部屬都一樣，他所秉持的原則始終一致，都是以淸白相交，以誠心相照。

先父從不占別人的便宜，相反地，如果可以幫助到人家的話，他可以讓別人占他的便宜。只要他的家人不會因此而受到傷害，他覺得自己吃點虧也沒什麼。像我當年舉辦婚禮的時候就是不收任何禮金，這是他替別人的一種著想，因爲他不希望客人們因爲來參加自己兒子的婚禮而破費。但他自己不論是去爲新人證婚或是受邀參加婚禮，都還是會包紅包表達祝賀之意。

雖然僅僅是一件送禮的小事，但從小耳濡目染的結果，我也很自然地順著先父的思維去做事。當我自己在企業內部站上了高位，或是後來進入新創領域做天使投資人，我仍是用同樣的利他思維去對待我的團隊。

像是我相識20年的好朋友決定要進軍IT產業，在他新創初期最需要支持的時候找我投資。我非常看好他當時所構畫出來的發展前景，更相信他的人品與實力足以讓臺灣出現一隻新創的獨角獸，這讓我毫不猶豫地決定支持他。果然靠著他驚人的努力和出色的技術，他的公司獲得了巨大的成功。

當他的公司需要更進一步地打入國際市場，在引進外資之前得要改變現有的股權結構，我若是仍想占著股權不放，日後我可能會因此而獲得更鉅額的財富，但是這樣不只阻礙了好朋友在事業上的發展，更可能因此讓臺灣無法出現一間世界級的公司，於是我毫不猶豫地接受了好友的要求，一次討價還價都沒有，因爲我想要實現我的利他思維。

無論是對自己朋友的小利他，還是對臺灣整體產業發展的大利他，我都願意做出一名天使投資人該做出的決定。

話雖如此，這樣一心想要做天使的我，曾經差一點變成了別人眼中的惡魔。

如同第一章所說，我熱衷於把心力投入到「從零到一」的過程，這樣的熱情，其實是一種「利他思維」的體現。從零到一，就像是蛋生雞，一顆圓圓的雞蛋，看起來就是個零，而從零蛋變成一隻小雞，並且存活下來，就是從零到一的過程。想來這也是爲什麼要用「孵化器」（incubator）這個詞來代表這個充滿意象的育成過程。

在新創的領域，所謂的「利他」，其實是天使投資人如何當好一名天使的體認與自制，同時也是一種交棒的概念。

因爲在一間新創事業成功地完成了「從零到一」的歷程之後，代表著它已經有了一定的基礎，暫時能夠站穩了腳步，而接下來的日常工作和細節，可以交給年輕一代去接手運營。也就是說，你要從苦幹實幹的總經理，變成退居幕後的董事長，不能想著要把所有完成「從零到一」過程的事業都據爲己有。

無論是名聲還是財富，都不能只把光芒留在自己身上，而必須要完成交棒。把過去最辛苦的歷程留給自己，把未來的光芒交接給想培植的下一代。

對我來說，最能夠獲得成就感的正是最辛苦的創建過程，也因此後來我對輔導年輕人創業充滿了熱情。而在和新一代創業家們共事的過程當中，我自己的角色也是不斷地在演化。

一開始，我是超載式的全力全心投入，就像人家說的「公親變事主」。因為我有過創業的經驗，知道如何找到讓新創事業成功的途徑，也知道這條路上哪裡會有讓公司失敗的陷阱和跌跤的絆腳石，於是，我就像是個照顧小孩子的新手保姆，深怕在學步的幼兒撞到了頭，所以總是在一旁跟著盯著；更像是隻緊張兮兮的老母雞，鉅細靡遺地什麼都管，咕咕叫地囉嗦個沒完，簡直像是要把這間公司總經理的職務全攬在自己身上，也難怪別人會說這樣的行為是「雞婆」。

很快地，我就發現這樣不行。不只是因為我一個人的心力有限，想要以精細管理的程度來同時照看這麼多公司，根本力有未逮。更因為我發現我的付出常常都是得到反效果，想要利他，以為是在幫助人家，但這個「他」的心裡卻不是這麼想，反而把我看成是披著羊皮的狼，是擁有一雙純白色翅膀的惡魔。像我這樣的天使所給出的「利」，根本不是「他」所期待的支援；我的利他，成了「自以為是」。

那正是我開始重新思考的起點，究竟什麼才是對新創企業及新創經營者眞正有利的

「利他思維」？

三道濾網：澄清天使的利他思維

當我選擇了利他思維，就不能只是享受著自己心裡那股幫助人之後所得到的快樂和滿足感，反而是該先確認對方眞的因爲我的幫助而得利。而經過了這些年的自我檢查及校正，我給自己設計了三道濾網，用以過濾掉錯誤的利他思維，從而避免這些雜質滲入了我所協助的新創事業，得以保護「從零到一」的促生過程不會受到污染。

第一道濾網，我得先過濾掉自己對於每一個新創品牌執行長的預設立場；接著第二道濾網，得進一步過濾掉我自己對未來發展的感情期待；至於第三道濾網，則是要過濾掉不適合的天使投資夥伴。

在第一道過濾手續當中，其實是針對每一個我合作的新創品牌執行長，也就是「利他思維」當中的主要對象。在我與「他」所建立起來的互動機制當中，我必須與這個「他」維持正向的關係，彼此之間拿捏好一個巧妙的距離。

我會先問自己，我所認爲是屬於「利他」的一切作爲，對接受的那一方來說，究竟他有沒有眞正地從中獲益？

或許你會覺得你在幫助別人，但很多時候，別人並不覺得你是在幫助他：因為你所提供的幫助，對他來說其實並不需要，反而是一種干擾。

一家新創品牌的執行長就像是一位船長，而每一位船長都有天生的性格和後天的強項，我必須過濾掉我自己對於他們的預設立場，先深入了解我所合作的執行長是那一種類型的船長。

有些執行長主觀性強，習慣自己全權掌舵，憑著直覺往未知的水域深入，他需要的是一個警示燈，標出可能有暗流渦漩的所在，讓他能避免危險；有些執行長則是偏好共同決策，習慣有人給出一個參考座標，用來做為他修正的基準；當然也有些執行長一開始是完全的被動性格，還在摸索他自己的領導風格，當這樣的執行長還在學習曲線的初始階段時，確實更需要有人能夠手把手地一步一步引導，而等到他渡過了養成的陣痛期之後，通常會成為十分優秀的船長。

有了這第一道濾網，後來我在天使投資的職涯當中，就比較會先去看新創品牌的執行長是什麼樣的性格，了解到他需要什麼幫助和支援之後，這才給予他相對應的資源。這種「智慧型」的利他，能夠避免我的「自以為是」，從而精準地把執行長所需要的支援給送達到位。

這樣的作法，其實是一種自我的修正。以前的我，常常因為過度參與，而導致自己和對方傷痕累累；現在的我，無論是擔任顧問、董事或是董事長，都和每一位企業的執行長保持合宜的共生關係。

像是我很喜歡培訓年輕員工，對我來說，能把人才放到對的位置，這比我在一間新創公司裡能拿到多少分紅還要重要。所以很多執行長會讓我負責「看人」這一塊，即使是活動企劃這樣初階人力的面試和初審工作，沒有特別多領酬勞，我照樣做得興致高昂。

當我過濾掉自己的預設立場，就能發現我所合作的執行長現在最需要的是什麼。若他希望我能夠協助公司在年輕一代當中找出值得培養的人才，那麼我就會全力去做。這樣不只我開心，他也真的能獲得「利他」的好處。

至於第二道過濾的手續，則是針對我自己心裡的期待。當你抱持著利他的想法，卻又期待對方能夠感恩或是回報時，這聽來合理的人情之常，其實是利他思維在實際執行上經常會犯的錯誤。

就如同我在前面所說的，我並不是一個不忮不求的聖人，能夠全心奉獻而不期待回報；也不是超脫得道的大師，有辦法笑談風雲地面對忘恩負義的混蛋。當我的期待和現實之間出現了巨大的落差時，我仍會受到負面情緒的打擊，並懷疑自己當初為什麼要做利他的選擇。

爲了要校正自己的這種負面情緒，我開始把期待的對象從「人」轉到「新創品牌」身上。也就是說，我所期待的是這個新創品牌未來的發展，而不是負責營運此品牌的這個人後來對我會有什麼樣的反饋。

我原本就會因爲正確的利他行爲而得到豐沛的快樂，所以我不可能會因噎廢食，受困在過去幾個反應不良的個案，而放棄我一直以來對於利他思維的堅持。

所謂「過河拆橋」，我承認我若是那座被拆掉的橋，一定會讓我心裡非常不是滋味。於是我試著事先過濾掉我自己的期待，專注在新創品牌後來的成長所給我帶來的心理回報。看著一間新創事業從零到一，接著又成功地從一到一百，這樣的過程才是符合我的期待，也是我最初想要看到的結果。

最後的第三道濾網，則是要過濾掉天使團隊中的惡魔。很多時候，我想要利他，但我找到的合夥人並不這麼想，那麼爲了新創事業著想，我就必須事先做好篩選的工作。

所謂的天使，就該是給了你東西之後，什麼都不想要，只要你好就好。但在每一個天使投資團隊當中，都會有不同的人有著不同的需要，而這些需要都不是眞正的利他：

有人要「權」：給了錢就要管東管西，指手畫腳。

有人要「利」：很多投資天使要求超高的投資報酬率，這是股票投資沒有的獲利幅度。

有人要「名」：想要有個董事長的稱號可以炫耀。

有人要「爽」：可以告訴朋友這間特別的餐廳酒吧是他開的。

有人要「玩」：平常覺得無聊，投資公司之後每個月有例會可以開，有報表可以看。

有人則要「學」：因為他不了解某個新興產業，所以繳點學費來看看你們在玩什麼和怎麼玩。像是傳統產業能進入遊戲產業或是電商產業，就是透過天使投資來買一點籌碼，讓他們能夠上牌桌玩牌，從中學到新東西。

若是我想要利他，但我找來的合夥人只想要利己，那麼這個團隊就無法保持利他的初衷，所以必須慎選天使團隊的合夥人。

這三道濾網，作用也很像是三面濾鏡，原本平凡無奇的白光，在經過濾鏡之後會析離出特定波長的可見光，像是照妖鏡一般把不適合的作法、想法和人選給剔除掉。也只有藉此來突破以上這三道障礙，才能夠讓我的「利他思維」完全落實，從而獲得心中的安慰、救贖、療癒和喜樂，然後我想要幫忙的對象也能得到真正的支持，這才是真正的利他。

利他思維的延伸：我自己的葉綠素

人們常說「見樹不見林」，用以批評一個說法失之片面，不見全貌。所謂的心法、原則、眞理，說得再無所不包，都可能只是「樹」的等級而已，卽使能從中見到了「林」，也不見得看見了全貌。

我個人所選擇的「利他思維」，可能會被其他人認爲只是萬千森林中的一棵樹而已。但對我來說，「利他思維」既不是廣闊的林，也不是高大的樹，而是更小的葉綠素。那是存在於自己心裡，別人用肉眼難以直接看見的內在。別人看得到只是綠的表相，而不是葉綠素本身，所以別人看到的是我做出選擇的結果，而看不見影響我選擇的眞正原因。

而我選擇的原因，正是我修正之後的「利他思維」，那就像是葉綠素一樣，在植物的光合作用當中扮演重要的角色，將外界的光源媒合並轉化成爲能量之後，分享給其他需要的人，一同創造出源源不斷的有機循環。

就像是味全龍領隊的工作，當我和團隊成員共同完成了從零到一的建隊任務之後，就能夠讓其他人來接手。而在臺灣，多一支職棒隊，至少能多出一百五十個工作機會，從六十名球員，加上教練團，以及制服組、場務、訓練等支援團隊之外，還再加上了啦啦隊。

像味全龍在2019年選秀會上帶回的球員人數，就比前三年四支球團在該年度帶回的總人數還要多。而在建隊之初，我們就立刻著手找回葉君璋、黃煚隆和張泰山等老龍將，也請回了當年解散時的領隊任中傑，至於球員林旺衛則從戰力外重回棒球人的軌道，資深的李芝宇（Amis）與李杗依也進入生涯的新高階段，重返啦啦隊崗位。

我領導著我的團隊培養出了一個全新的舞臺，讓中職長久以來單調的對戰組合能夠活化，讓年輕人才有機會能夠加入，讓失去戰場的人能夠回來，讓這個產業有更多的從業者，讓這個環境有更多人可以接觸到棒球，中華隊與國球水準才能強化，這也是一個以利他思維爲出發點的過程。

而我現在進入創投領域之後，發揮了我所有人生閱歷的綜效（synergy）。和過往天使投資人的角色不同，現在的我必須同時保障投資的甲方和受資的乙方，而我之所以有辦法能夠兼顧，也是努力以「利他思維」創造兩方的雙贏，並有效統合我所有經驗和人際網路，創造出彼此互利的多邊合作。

包括我募資與看案子的能力，向上和向下的人脈，自己幫助新創的熱血，曾經做過投資天使所獲得的經驗值，以及曾經在企業實際操作過執行面的能力，加上橫跨不同產業的斜桿角色，都讓現在的我可以快速了解不同的題目，並能在短短的時間內，聽過一家新公司的募資提案之後，馬上就能看到這家新公司的未來和背後的價值。

我管人也被人家管過，我給人薪水也被人發過薪水，我當天使也有自己的天使，戴過非常多不同帽子的我，非常能夠換位思考，因此我可以了解新創團隊的痛苦，並且能夠和他們順利地對話。

第一個原因是我有足夠的了解與第一線執行經驗，所以和我對話時，不會浪費新創團隊的時間；

第二個原因是我不會說教，給人家他們不需要的幫助；

第三個原因，則是我在取捨之外仍能利他，雖然我不可能每一個案子都投資，但我還是有辦法用其他方式來幫助他們：小到協助調整提案簡報的內容、格式和英文用語，或是提供一個國際化的角度，大到用自己的其他資源，來爲這些新創團隊介紹生意機會，或是引進潛在的投資金主。雖然做爲創投方的我並沒有正式在你身上投資，但是仍然能夠幫上一把，這也證明我所堅持的「利他思維」是無所不在的。

在光合作用中，葉綠素扮演了非常重要的角色，它讓植物能夠吸收太陽光的能量，把二氧化碳和水合成有機物，並且釋放出氧氣，讓這世上所有的生物都能得利。

這就好像創投的過程，因爲利他思維，讓新創事業能夠吸收到外來的龐大資金，把他們的點子和努力合成爲成功的機會，並且釋放出創意的無限可能，讓廣大的消費者都能受惠。

利他思維，就如同無所不在的葉綠素，透過光合作用的轉換，讓我們所在的樹林開展出一片廣闊的蒼翠。

Password

3. 通才與斜槓

內容摘要：該如何透過人資新思維來為企業找到適合的人才

【提問1之1】

如果，你是一家大企業的人力資源副理，而行銷部門的主管向你提出了需求，說他想要找一個剛出社會的職場新鮮人，於是你登入了人力銀行網站，把這一份工作需求給發出去，然後等著收履歷。你所在的這家公司非常熱門，求職者衆多，不久之後，各方履歷如同雪片般飛來。

照你先前的經驗，什麼都不做篩選地把所有收到的履歷送到主管手上，那就是等著被唸：「這麼多履歷我眞的沒時間一個一個看，請你先行挑選適合的履歷之後再給我。」

於是，在剛出社會的職場新鮮人之中，你依照過往的經驗，只把「臺政清交成北」等名校畢業的學生給挑了出來，做成了一份名單，然後就寄給了行銷部主管。

如果我是行銷部主管，你猜我會認爲你做得好，還是會打電話找你來當面溝通一下呢？

「名牌vs.潮牌」：是時候該把「名牌」給拿掉了

光是聽我這麼問，你可能已經隱隱地從上述的問題當中嗅到了問題的所在。只把臺大、政大、清大、交大、成大、臺北大學這些頂大畢業的學生給挑出來，乍看是做了初步的篩選，但可能會是一個有問題的操作。

你的直覺是對的。或許在過去，這樣用名牌學校畢業生來當做篩選標準是可以接受的，但在現今這個時代，人力資源主管若還是這麼做，就可能會把公司帶進人才斷層的困境，讓公司找不到有能力幫助企業繼續往上發展的人才。

從企業經營與管理的角度來說，這個世界變化的非常快，若是守著舊思維，很容易不符時宜，失去先機，最後想跟都跟不上外在環境的改變。對消費型企業來說，就算不能超前，也要跟得上時代，而想要爭取新一代消費者的青睞，就要了解他們的背景和生活型態，才能藉此保持競爭力，並且維繫成長的動能。

而擁有這種創新能力的企業，必然也是由一群能夠感知到世界變化的人才所組成，對身處的環境有洞察（insights）、認知（perceptions），才是當今企業需要的人。人力資源是支撐企業創新能力的基礎。所以，從人力資源的角度來看，想要爭取到新一代的出色人才，也同樣要知道他們在養成階段是接受了什麼樣的教育，企業才能找到所需要的人力。

做爲高階經理人及公司的創辦人，我經常遇到一個管理上的錯誤思維，就是許多主管或是員工認爲「名牌有用」。對人力部門來說，名牌就是指研究所勝過大學，國立大學勝過私立大學，而外國大學又勝過本土大學。

在以往封閉的市場階段，傳統的徵才概念是建立在「指標性」的思考，企業主管們會認爲現行的教育制度是一個具有鑑別力的升級過程，透過層層關卡的把關，能夠一路篩選出能力更爲出色的人才。能夠取得名校學歷，就代表這些畢業生擁有一定的基礎實力。

確實，能夠從名校畢業的學生，他們應該會比一般人更擅長抽象思考，也很熟悉問題解決的思維模式；此外，能夠熬過重重的壓力和不斷的考試及準備，也可能代表他們在態度上是願意努力（積極），勤學不倦（勤勞），同時又有一定的抗壓力（堅強）。

這種「指標性」的思考本身並沒有錯，整個經濟社會體系運作的概念就是根基於這樣「化繁爲簡」：將大量的資訊，簡化爲一個能做出直接決定的判斷。想從數百名求職者之中找到一個最出色的人才，就先看他／她是不是出身名校的畢業生，並且假定這些名牌就代表積極、勤勞、堅強等成功人才所需要具有的特質。

在過去，這樣的思維足以應付舊時代的社會結構及經濟型態，但在資訊能夠快速流通，甚至免費取得的今天，透過名校去定義、篩選或是鎖定適合企業所用的人才，已經不再是有效率的作法。更重要的是，由於世界樣貌快速變遷及進化，許多名校的教育方式及內容在更新速度和程度上都難以企及。過去名校畢業生所訓練出來的基礎能力，也因此難以對應到當今產業界對人力的最新需求。

在臺灣，光是教育制度的科系分類就很有問題。有些教授數十年不進修，仍是沿用老教材和舊方法。至於大學科系無論數額增減，或是科系更名都得經過繁複的程序，這雖然都是爲了「愼重其事」，畢竟高等教育有其傳統理念和固有價值，無法說改就改，但也因此「貽誤先機」。

就我的角度而言，大傳系該教大家怎麼拍YouTube影片和經營自媒體；廣告系的訓練主軸該加入臉書廣告投放工具以及搜尋引擎最佳化（Search Engine Optimization, SEO）；資工系該改名爲人工智慧系；統計系則是大數據系；國貿系要叫跨境電商系；企管系要叫電子商務系。

這些改名，都是爲了符合現實的走勢和潮流而定出來的「願景」。學生選科系的時候，就是在選擇一個明確而且跟得上時代的就業可能性，而透過科系的更名，也才能帶動教學內容及方式的更新。

這話聽來刺耳，似乎是把大學系所當成了職業訓練所，而且把技職體系的思維和大學教育的價值混爲一談。然而，現實的眞相是臺灣確實需要強健的技職體系，而經過了多年的教育改革之後，而今的大學教育就是已經納入了過去技職體系的業界訓練思維。臺灣的產業不斷地需要新生代的中高階人才，而他們幾乎八成是從這樣的大學系統之中所培養出來的學生，所以大學培養人才的方式會直接影響到企業用人選才的標準。

從企業的角度來思考，我們需要大學生在校期間接受過什麼樣的實質訓練，才能讓他們順利銜接未來在職場上的工作要求？這正是產學之間該要密切串聯的要點。

在臺灣少子化的情況之下，目前已經供給過量的大專院校，除了汰弱留強的自然退場機制之外，許多學校也已經在配合產業界的需求，來更新及強化自己的教學內容及方向，藉以增加未來學生畢業之後的就業錄取率。這是在向新生及家長證明，該校的畢業生在就業市場上有突出的競爭力和理想的薪資水準，如此才能持續地爭取到學生入學就讀，也延續該校本身在招生市場的吸引力、排名和地位。

換句話說，我所描述的情況，已經是臺灣高等教育的現行趨勢，對於某些科系和絕大部分尋求在產業界就業的學生，教授們也發現他們必須修正過往的觀念，才能對學生、對學校、對企業，乃至於對自己的研究教學生涯帶來更好的進展。

就以我所說的，要把企管系變成「電子商務系」，並不是說學生在大學裡只需要學怎麼架網站，如何在網站上賣商品就可以，而是要把現在的企業管理看成是一個根基於電子資訊架構運作的巢狀式系統，去重新設計出對應的管理課程。例如財務、企業資源規畫（Enterprise Resource Planning, ERP）和進銷存系統等等。

當代的企業管理，在每一個層面都是一個子系統，從生產系統、行銷系統、人力系統、研發智財系統、財務系統再到檔案系統，日常企業運作的內容之中，每一件事都是和電子商務有關的行爲。

舉例來說，光是企業內部溝通，就已經大量依賴公司內部同事之間的聊天群組了。而上司及部屬之間的管理，也經常透過社交媒體進行互動。傳統的組織行爲學，都因爲電子商務的系統架構而重新被定義。

影響所及，現在許多大企業在徵才的時候若只以名校迷思去篩選履歷的話，將會找不到自己需要的新世代人才。人力資源部門在選擇畢業生時，重點不該是那間學校是否爲傳統名校，而該去了解這間學校的這個科系究竟教給了學生什麼觀念和內容。

如果這個名牌學校不是一個跟得上時代潮流的「潮牌」學校，就企業徵才的角度而言，就該把這個「名牌有用」的迷思給拿掉。就像我自己十八歲在選科系的時候，當時哪裡料想得到設計、織品服裝和多媒體後來會變成如同「潮牌」一樣的「潮系」？

回到一開始的問題，如果我是行銷部的主管，而你是人力資源副理，當你只寄名校名系畢業生的應徵者名單給我的時候，我是一定會打電話找你溝通的。

舉例來說，當我在阿里巴巴集團擔任總經理的時候，我就曾經遇到過一個困境，就是我收到了履歷表，在請來面試一輪之後，發現其中都沒有我所需要的人才。打電話給負責的人力資源主管之後，我才發現他們在第一關就把不是名校畢業的求職者給刪掉了。於是，我要求人力部門直接讓我登入人力銀行網站，直接去看所有應徵者的資料，由我自己來進行初步的篩選，後來才找到適合的人才。

但事必躬親並不是有效的管理模式，所以在那之後，無論我在哪一家公司，在覓才的過程開始之前，我都會先和人力資源團隊溝通，去了解他們篩選求職者時所設定的條件，以及他們之所以會設定這些條件的背後原因及行政意涵。

而我最常和人資團隊成員們說的話，就是請他們務必在海選階段先把「名牌迷思」給丟掉，公平而全面地檢視求職者的養成背景。卽使要用名校來做爲篩選要件，也請先幫助我確認一件事，那就是確定這些「名牌」，是否眞的是我們公司需要的「潮牌」？

換句話說，根據他們先前的經驗，該校該科系所培育出來的畢業生，是否是能夠跟得上時代變動的新世代人才？如果是，我們才應該優先採用這些「潮牌」名校的畢業生。

【提問1之2】

聽完我所說的，有些敏銳的人又立刻嗅到了新的問題：

如果我說公司該把「名牌有用」的迷思給拿掉，但又說我之前共事的人資主管都還是看「臺政清交成北」這些大牌名校來選才，這代表現在業界多半仍是維持和過去一樣的思維。

如果你是一個求職者，沒有名校招牌的你似乎仍是一樣會被拒於理想企業的門外，那你究竟該怎麼做才好？

學用落差，不再是學校的責任

確實，並不是每一間企業的主管思維都和我一樣，也不是每一個人力資源主管都願意花時間去了解名牌學校是否具有潮牌的培育實力。前一段我所說的話，確實是針對那些具有任用決定權的企業中高階主管以及人力資源主管，對於求職者來說，該怎麼突破這個仍舊籠罩在當代企業徵才機制裡的「名牌迷思」呢？

我的建議是，個人技能不要再靠學校教你，而是要靠自己去學。

過往，許多人都在抨擊「產學落差」，也就是學校教的東西，到了產業界都用不到。以行銷專業出身的畢業生來說，他們在學校課堂上做行銷個案分析或是商業模式專案報告的時候，一定是先從SWOT分析開始，等到他們進入業界，很快就會發現開會時沒有什麼人要畫SWOT分析圖，他們得再重新學習其他業界常用的分析工具和思維模式。

確實，這樣的「學用落差」，是學生自己出社會了之後才會發現，怎麼自己先前在學校學到的知識沒有用？於是許多學生們會認爲學校和老師們要爲這樣的落差負責。

然而，從企業僱主的角度來說，求職者的能力並不見得全數是從學校學來的，更重要的反而是他們如何主動學習，除了學校之外，是否有辦法從不同的管道習得所需的能力。如果新人只是被動地依賴學校這樣的教育體系餵養而成長，那麼離開學校也就意味著他的成長期隨之結束，進入企業之後，就可能不再有大幅進步的空間。

徵才，從來都是一種相互比較的過程，而現在用來比較新人的重點，已經不再是你念過什麼學校和科系，而是你本身究竟會什麼。

我自己就在工作中遇到一個中文系的學生，他的程式寫的比許多資工系的畢業生還要好，也有資工系學生畢了業之後就再也不碰程式，因爲四年念完了發現並不喜歡。也有許多我認識的法律系和會計系學生，在畢業之後也不再只走傳統的國考路線去成爲律師或是會計師，反而他們會有不同的興趣和想法，其中有些人轉而經營自媒體，當一個

YouTuber，不只收入更高，生活能支配的自由時間也更多。

這些人本身所擅長的工作技能，都不見得全數是學校教給他們的，而是他們發現自己的需要和興趣之後，透過自學而習得的專長。現在免費的網路教學資源如此發達，自學的阻礙已不再是沒有機會、缺乏管道或是沒錢交學費，只要你願意花時間看影片，就會有YouTuber從零開始教你什麼是Python，一步一步地讓你學會如何編碼。

從這個角度來看，職場新人若是在自己的履歷表上寫自己的電腦技能只有Word和PowerPoint，那這樣的履歷表也可以直接揉掉了。試著問自己，Adobe家族你會幾種？如果你說你是中文系學生，所以不會Photoshop或Premier，這樣的藉口是不會被企業接受的。比如你要應徵企業粉專頁面的小編工作，公司是不會再多配一個視覺平面設計師給你當同事的。一份工作卻要花兩個人的薪水去完成，這不會是企業願意接受的狀況。

企業只會期待找到能夠完成多樣工作，並且有辦法獨力解決各種問題的「通才」。

通才：跨過學校教育壁壘的舞者

想要在現代職場上成功，學生已經不能單靠傳統的大學教育來獲得足夠的能力，企業也不能單靠大學文憑來做爲選才的基準。

如前所述，當許多名牌大學還困在過往的舊思維裡，在教育方式和課程設計上遲遲仍未更新時，學生是無法從這樣的大學教育當中獲益，進而成爲企業所需的人才，所以企業也不能只靠「名牌迷思」來分辨誰是更有能力的新人，不然就會陷入人才斷層的危局之中。

即使是一些符合企業期待的「潮牌」學校，他們已經懂得如何貼近電子商務及網路時代的趨勢，爲學生們創造出更符合當下企業所需的訓練及課程，這些「潮牌」學校的畢業生也不能就此養成依賴的壞習慣，只靠學校和老師來教授自己所需的新知識和技能。

要想成爲企業的搶手貨，就得有自學的能力和成長的熱情，不斷地學習不同的工作技能包，來擴充自己的職場工具庫。換句話說，就是不受傳統大學科系壁壘限制的「通才」。

所謂的「通才」，在我看來，就是一個令人驚奇的舞者，他／她有能力在牆頭上跳舞，輕鬆地跨越學校教育在每個人之間構築的高牆，讓他／她們從「專才」思維的桎梏中跳脫出來。

這樣的舞者，不需要是外語系也能用英文或是日文和人溝通，也不需要是統計系才會用統計工具來分析球員表現，更不需要是視覺傳達系才會修圖和拍影片，甚至不需要是舞蹈系也能夠跳舞。通才的能力，是來自於他們有意識的自我累積，他們有毅力地向外伸展，也充滿熱情地不斷探索。

在職場上，這樣具有通才能力的舞者，經常都會進化成爲具有競爭力的「武者」，他們是眞正具有創新破壞力的職人。因爲通才不會受限於單一學科的視野，也不會甘於外在環境和傳統觀念加諸給他們的偏見和限制，他們會打破既有系統的侷限，無論是自己的成長，還是企業的轉型，或是創建全新型態的服務和商品，這樣的通才，是依循著相同的DNA去完成每一項任務。

舉個例子來說，Firstory是由幾個清大的畢業生合力創業的品牌。當初這個小團隊在創業所需的各項技能，就已遠遠超過了學校專才教育的範圍。學校給他們的頂多就是資工技術基礎訓練，但是創業所需的其他一切必備能力，從產品設計、使用者經驗設計（UX）、使用者界面設計（UI）、行銷、法規、財務、人力管理到募資，全是這幾位年輕人在創業過程當中自主學習而來。

以他們的名牌背景，都可以在畢業前輕易地在竹科找到高薪的工作職位。但他們跑去創業，就是過去老人們所說的「不務正業」，或是「學不以致用」。

然而，他們並不這麼想，在這群通才的思維裡，別人選擇傳統路徑去累積薪資、公司股票分紅及福利收益並沒有錯，只是那不是他們想要走的路。學校沒有教的創業能力，並不是限制他們自行創業的藉口，反而成了吸引他們挑戰自己的誘因。

這樣的通才，走出了一條成功的創業之路。

另外再舉一個我在棒球場上認識的通才當做例子，卓致宇是清華大學生命科學系畢業，具有名校光環的他，並不是因爲這個名牌而變得特別，而是他展現出的通才能力。

身高183公分的卓致宇，在校期間是清華棒球隊的主戰投手，因爲是低肩側投而有了「清華潛水艇」的稱號。從小喜歡打棒球的他，國中畢業後刻意選擇就讀新竹高中，就是因爲那是一間有棒球隊的升學高中。不是統計系出身的他，卻非常擅長使用統計工具來對球員進行分析。他的通才能力讓他能夠加入味全龍的球探組，讓教練及球員都能獲得更專業的幫助。後來卓致宇離開味全龍之後，更進階遠赴美國，加入大聯盟匹茲堡海盜隊負責翻譯及資料分析的工作。

卓致宇不是從小養成的科班棒球選手，所以他一路都是靠著興趣和熱情主動學習，累積自己的棒球能力。在高中時期，在學科（學業）和術科（棒球）完全無關的情況下，他依舊跨界學習，同步成長。而在大學也不會受限於生命科學系的本職訓練，反而自我加強對於統計分析工具的掌握性。

這樣的通才，即使不是外語系或是統計系畢業，一樣可以在美國職棒隊擔任翻譯和資料分析的工作。卓致宇因爲他的通才能力，讓他得以在不同國家、不同產業、不同球隊和不同領域工作，每一份工作都能圓他個人的一個夢，讓他成爲一個跨越學校科系壁壘的舞者，更是充滿競爭實力的強大武者。

即使有名校光環的加持，具有跨界能力的通才依舊不斷地擴充自己的實力，並不以學校專才教育的既定範圍來自我設限。更何況沒有名牌加身的新鮮人，更得以「通才」爲目標來自我要求，以自學方式取得必要的成長能量，這樣，才有機會能在職場的頂峰跳舞。

【提問2之1】

如果，你是一家大企業的人力資源副理，這次是總經理說業務部有主管離職，他想要找一個有經驗的人來補上這個職缺。

於是你又登入了人力銀行網站，把這份工作需求給發出去，然後等著收履歷。你所在的這家公司非常熱門，求職者衆多，不久之後，各方履歷又如同雪片般飛來。照你先前的經驗，什麼都不做篩選地把所有收到的履歷送到老闆手上，那就是等著被他罵：「你是副理，不是『負責什麼都不理』，請你挑選適合的履歷之後再給我。」

而經歷過之前你和行銷部主管之間有關於「名校迷思」的討論之後，這次你也學聰明了，你決定採行不只一個的篩選標準。於是，在應徵業務主管的那一堆履歷之中，你把以下三種人給刷掉了，他們分別是：（1）轉職多次；（2）在某一家公司待不久；（3）上一份工作和下一份工作之間沒什麼直接關聯的應徵者。

弄完之後，你信心滿滿地把這一份名單寄給了總經理。

如果我是你的總經理，你猜這一次我會嘉許你做得好，還是會打電話找你來當面溝通一下呢？

錯失人才的迷思：「轉職太多」等於「沒有定性」

在這個問題裡，人力部門主管所面對的是完全不同層級的人才需求。人資團隊要思考的問題是：

- 在出了學校之後，究竟這些求職者經歷過什麼樣的職業生涯？
- 怎麼樣的職業生涯對於求職者最有幫助？
- 爲什麼錄用這樣的求職者會對我們的企業有幫助？

若用一句話來概括，就是你該如何評價求職者的「轉職經歷」？

尋找中高階主管，理論上是比較容易的，畢竟這時評估的標準不再只有學歷，還加上了經歷，這等於是你有更多的資料來判斷這名未知的求職者是否能夠勝任這份工作。

但是，錄用一名主管的風險，也遠比錄取一名職場新鮮人來得高，不只是因爲公司要付給主管更高的薪資，也因爲主管所負擔的責任更大，一旦他們表現不佳，給公司及團隊所帶來的負面效應，也是遠遠高於一般的基層員工。加上開除不適任的主管，法律所規定的資遣費和其他支出也更多。考量到這種種的代價和潛在風險，評估中高階主管的轉職經歷時就必須更有洞察力才行。

轉職經歷可以看做是一道連續性的光譜，在左邊的極端是從一而終，完全不曾有過離職或是換工作的經驗。最具代表性的，要屬八〇年代經濟泡沫破滅之前的日本大企業，當時盛行「終身雇用制」及「年功序列制」。

這兩套勞動制度被認爲是源自於日本戰國時代的家臣傳統，一生只投效一個大名家族（企業），服侍唯一的主公（老闆）。換句話說，那時的日本上班族就是「一入侯門深似海」，只要擠進了大企業的窄門就不用擔心會被踢出來。從此就在企業的晉升階梯裡按部就班地往上爬，時間到了就升官或加薪，年資愈久，薪資愈高，直到退休才會離開。

而在光譜的另一端則是無限多的斜槓，不只是在同一領域待過大／小不同的企業，還可能是在同一條產業鏈的上／下游企業游走，有時像是鱒魚順流而下，有時則是鮭魚逆流而上；或是彼此完全沒有交集的士／農／工／商，像是從商業跳到工業，或是從公務員改行當漁夫；有些人可能在一家公司待不到一年就離開，有些人可能是同時做著三份以上的有給職工作，同時是上班族／鋼琴演奏YouTuber／週末養蜂人。

這樣的線性光譜從左到右發散開來，隨著斜槓的數量增多，代表轉職的經歷也就愈多。有些人的斜槓是垂直式的個人編年史，從以前到現在的跨領域資歷只要有明顯的區隔，就能夠用斜槓來做分野；有些人的斜槓則是水平式的斷面秀，在同一時間點把所有不同的身分給串連起來，當然也有人的職涯發展能夠同時做到垂直及水平整合的多元斜槓。

垂直式的斜槓人才，我想到的例子是WhosCall的創辦人鄭勝丰，他的斜槓清單是傢俱門市無給職助理／志工／房仲／創業家，前三項看似彼此完全無關的工作，成了他生涯不同時期的轉職分水嶺，但也成了他最終成爲創業家的匯流排。

至於水平式的斜槓人才，則像是我的朋友林逸汎，他是目前一位旅居紐約的鋼琴家，但同時也是一位成功的網路創業家。

而同時做到垂直與水平整合的多元斜槓人才，則是我的前同事許詮，他不到30歲就年薪破七百萬，而他是從法律系學生／公關公司實習生／三星行銷專員／LINE業務／

雪豹App商務開發經理一路轉職跳升，目前跳接到字節跳動集團子公司印尼菲律賓總經理，同時也是臺灣網路產業人才加速器的創辦人／作家／講師。

從上述的例子不難看出，現在這一代的年輕人轉換工作的頻率是很高的，很多時候，他們的上一份工作和下一份工作之間還沒有什麼直接的關聯。從傳統的人資觀念來說，這樣叫做沒有定性，沒有累積，這種特質的指標甚至是一種警示燈，傳統人資團隊若是看到這種求職者務必要直接刪除，預先把這種不穩定的員工給過濾掉。

但對我來說，擁有豐富轉職經歷的人反而是更有價值，代表這個人敢於突破個人的舒適圈，而且願意學習新東西。

一個在IBM做了十五年未曾轉職的應徵者，對我來說除了表示這個人有忠誠度的正向價值之外，更可能暗示他只熟悉單一企業的文化和運作模式，因而無法適應變化快速的新產業。在通才已經比專才更有價值，更有市場需求度的今天，多元的斜槓經歷也比在同一家公司待很久的單一忠誠度更值得被珍惜。

看到這裡，我想你也猜到了上述問題的答案了：做爲人力資源副理的你若是過濾掉了曾經多次轉職的求職者，你會再次接到我的電話，你會和我一起討論該怎麼評價求職者的轉職經歷。

而「斜槓」，正是我要和你溝通的關鍵字。

斜槓：挑起未來工作的槓桿

這世界充滿大量的挑戰和快速的競爭，就連病毒都得快速變種才能捲起全球風潮，更何況是人？在職場的工作型態和需求不斷更新的情況下，求職者若是不能自我轉變，嘗試在不同的工作和領域之間跳接，就等著被產業變化的浪潮給淹沒。

每當你在自己的履歷表上劃上一道新的斜槓，總有一天，這條斜槓會成爲一種讓你施力的槓桿，幫助你挑起新的挑戰和工作。

我自己也是斜槓，若是把我從過去到現在各個不同領域的經歷列出來，你可以看到軟體工程師／創投合夥人／電商總經理／天使投資人／品牌創業者／職棒領隊／加速器導師／專欄作家／專業經理人。從商界、投資界、科技界、教育界到棒球界，對我來說就是順應自己的熱情，不斷地去嘗試可能性，並且把未知的可能變成現實的成果。

因爲我有這樣的斜槓背景，我對於具有斜槓能力和資歷的求職者特別有興趣。就拿許詮當例子，當他來我創辦的雪豹科技面試的時候，不到25歲的他在履歷表上已經列出來洋洋灑灑一成串的轉職經歷。

他從大學時代就開始探索自己的興趣，念了法律才知道不是自己的菜，所以不想硬著頭皮去考律師，反而是做了學生會的公關部長才發現自己對行銷公關的熱情，還沒畢業就爭取到公關公司實習的機會，還去廣告系旁聽課程，這是他發展自己斜槓能力的起點。

他畢業後的第一份工作是從臺灣三星開始，在行銷組裡一個人負責相對冷門的相機產品，這樣的孤獨，反而是提前取得獨立做決策的經驗；接下來轉到三星主力的手機部門，則是廣泛地使用線上及線下的各種行銷工具。而在科技硬體產業做了不到兩年，就轉而投入機會更大的軟體產業，加入剛進入臺灣的LINE擔任業務，接著又在LINE內部轉職，改做「LINE生活圈」的產品商業開發。

也就是在這個時候，許詮想轉職到雪豹科技，而我看到他工作履歷上的斜槓清單已經是行銷／公關／業務／產品商業開發，我認為這樣的斜槓人才很適合我們公司來做事業開發（business development），於是錄取了他進入雪豹，開始讓他前往歐洲各國拓展業務，出色的表現讓他升到了商務開發資深經理。後來的許詮不只在產業／職務之間跳轉，也在國內這條斜槓之後加上了國際，他跳往印尼和印度，並在30歲之前往上跳升成為阿里巴巴旗下在東南亞第一大電商品牌的副總。

在許詮與我合作的那段期間，公司團隊因為注入了他的斜槓經驗及動能，所以能夠加速擴展及成長，他自己也曾經獲選為最佳員工。完全停不下來的他，依舊經營著水平式的個人斜槓，那時他也繼續推動自己催生的互聯網人才加速器XChange，每周都會邀請業界裡他認爲值得認識和互相交流的朋友們聚會，不只串聯成線上／線下的網路社群，也讓更多新一代的人才一同發展斜槓職涯。

斜槓人才所創造的就業優勢和個人能量，也告訴了企業不該再執著於員工的忠誠度，而該著眼於員工在公司任職期間的貢獻度。

【提問2之2】

如果我說企業的主管和人力部門該把「多次轉職＝沒有定性」的迷思拿掉，這就表示許多企業現在仍是用一樣的思維在篩選人才。做爲一個求職者，你又該如何說服這些企業相信你是一個有實力的斜槓人才呢？

說一個斜槓的故事，而不只是列清單

確實，現階段能夠全心擁抱斜槓人才的企業雖然不少，但並不是絕對的多數，而這也是我先前能夠在市場競爭當中取得領先優勢的原因，就是當其他競爭企業還在擁護員工忠誠度的過時價值觀，我已經能夠讓我領導的團隊認同斜槓的突出價值，並全力爭取出色的斜槓人才進入我們的團隊工作。

我認爲斜槓人才加入團隊的時間卽使不長，僅有一瞬也能創造亮點，只要持續引入斜槓人才，就算他們很快就會跳往其他領域／公司，但他們在職期間每一個人接力爲企業不斷創造出來的這衆多亮點，也會連成具有強大生產力的一條成長曲線。

許多企業還不明白晉用斜槓人才帶來的優勢，所以才會在人力資源部門設下了不必要的門檻。面對此一不利的狀況，我能對斜槓求職者給出的建議，第一就是要賦權給自己一個選擇雇主的翻轉權力，也就是求職者要去尋找能夠認同自己實力的企業，選擇加入能夠欣賞自己斜槓特質的團隊。

除此之外，更重要的建議是在求職的時候，能夠說出一個屬於自己的職涯故事，而不只是靠履歷上的工作年表來爲自己發聲。

一個具有斜槓資歷的求職者，必須要會說故事。無論是在書面的履歷表上，還是面試的會談過程裡，求職者都必須用斜槓串出一個動聽有力的個人故事，這條故事線，就會是你擊敗其他競爭者，成功拿下錄取名額的敲門磚。

這個故事，在於給你的每一條斜槓賦予應有的意義，在別人一眼看不出彼此關聯的地方，你必須有辦法解釋你經歷了什麼，也要說明這些斜槓經歷爲你帶來了什麼正向的影響，同時也要論證這些對你個人的正向影響爲何會爲這間公司帶來好處？

像是前面提到過的WhosCall創辦人鄭勝丰，他的斜槓淸單是傢俱門市無給職助理

／志工／房仲／創業家，而他在成功創業之後曾經受邀回母校演講，就把自己的斜槓經歷說成了一個首尾呼應，彼此貫串的故事。

他告訴臺下的學生，自己家裡是開傢俱店的，所以小時候就是免費幫忙爸爸搬傢俱和送貨，雖然很不情願，但送了將近幾千戶人家之後，他從中了解該怎麼和客人打交道。他曾在大學開創了許多降低數位落差的志工團，後來卻發現自己沒有在當地培養種子師資，創造出持續的力量。

畢了業遇上金融海嘯，逼得他只能去當房仲賣房子，業績很差，但他把介紹房子的工作當作是和客人聊天，就像小時候幫家裡送傢俱給客人一樣。即使業績依舊沒有起色，這樣強烈的挫敗感，讓他下了班就想待在伯朗咖啡和在學校時認識的夥伴聊天，沒想到聊著聊著，就這麼把他們創業的idea給聊了出來。

在他成功創業之後，他發現自己的工作就是在聊天，之前送傢俱和賣房子時和客人聊，現在則是和同事、投資人、合作夥伴們聊。最重要的，鄭勝丰也從志工團的經驗中發現，一切都需要持續，才會讓事情發生，而在成功之前，都是在練功夫。

而今的鄭勝丰當然不再需要去面試求職，但他確實用自己的斜槓經歷串成了一個動人的故事。求職者在面試或是寫履歷表的時候也是一樣，不要把自己的工作經歷用清單列出來讓潛在的雇主去評價你，而是想辦法把自己的過往說成一個故事。斜槓之間也許乍看沒有任何關聯，但在你說出你的故事之後，這些斜槓經歷就會充滿感染力。

通才與斜槓的延伸：企業選才vs.球隊選秀

當我堅信著通才與斜槓的價值，並且持續把這樣的人才引進到我所領導的團隊，我卻在擔任味全龍領隊時有了另一種延伸的體悟。

做為新球隊，我們必須在很短的時間內完成球員滿編。那時我們選進球員的管道主要有兩種，一個是新人選秀會，另一個則是擴編選秀會，這兩種選秀方式，考評的方式因為參與的球員特質不同而所有區隔。

在針對新球員的選秀時，除了少數海歸的旅外選手之外，這些學生新秀都是沒有任何職棒經歷，所以確實需要棒球名校的光環。一路從棒球名校出來的選手，都是經歷過三級棒球的層層汰選，不只能夠存活下來，甚至是愈打愈強，在同級的學生球員之間依舊出類拔萃。職業球隊當然會以名牌為參考指標，很容易在選秀會上選進棒球名校出身的新秀。

這樣的選才方式，不像在一般大學裡，學生在入學和畢業之間有太多影響他們成長的變數，也讓學生的養成出現不可預期的結果。若是認為名校畢業生就一定有實力，這就會是有問題的迷思。

其次，棒球名校的光環也不是我們在選擇新秀的唯一依據。在棒球場上，想要獲勝或是有出色表現，所需要的基本條件都很類似：投手的球速和控球，打者的揮棒速度和力量，跑者的跑壘速度和判斷，守備的移位速度和臂力。而這些都是能夠量化來比較的數據，並非只看學校的牌子就做出選才的決定。也就是說，棒球名校的背景值得參考，但左右我們實際的選秀決定，仍是要靠客觀資料的分析。

像是2019年季中選秀會，我們會在第三輪第18順位選擇郭天信，就不是只看到他南英商工的名校光環，也不會只看他在高中時期連續兩年入選U-18世界盃國手的資歷，而是由球探組詳細評估過他在投打守三方面表現出來的能力和成長潛力，在綜合考量之後才做出的決定。

那年各隊在選秀會上都不再挑人了之後，我們繼續在第16輪選進黃柏豪，也不是因爲他是高苑工商出身，而是他先前曾是落選新秀，在那之後反而更上一層樓，生涯首度入選中華隊，這樣心理和球技的成長，加上他的攻擊型態適合我們球隊，所以才選他入隊，後來黃柏豪也在第一年就拿下二軍全壘打王。而在黃柏豪之後，我們繼續選進了陳冠偉，更不是因爲他是前職棒球星陳威成的兒子，這「星二代」的身分不是我們選秀的依據，而是他來參加味全龍自辦的測試會，即使並沒有進入第二階段，但依舊讓教練團看到了他未來的可能性，後來的陳冠偉不只拚上一軍，也拿下了年度新人王。

然而，在2019年擴編選秀時，我們就不是在選擇沒有職棒經歷的新秀球員了，而是要從其他四隊放出的球員名單當中，選擇適合轉職到我們球隊的球員。他們已經有了一定的職棒資歷，名校出身已經不再那麼重要，更需要評估的是他們是否適合我們球隊，以及他們能夠發揮出來的即戰力。

最後，企業選才和球隊選秀還有一個很有意思的差別，就是對人才的競爭、取代和備案。雖然企業和球隊一樣，必須在人力市場上和其他對手競爭，爭搶值得培養的潛力股或是即戰力，而一個好的人才／球員，在決定去A企業／球隊上班／打球之後就不會到B企業／球隊工作／打球，然而，因爲選秀會的特殊情境，各隊是按照順序來進行選擇，而且還要等對手選完了一輪，才能再選一次。對手是有可能搶走我們原先鎖定的球員，所以我們必須做好沙盤推演，在各種不同劇本的變化中，選到符合我們評估期待的新秀。

而經歷了職棒領隊的選秀過程，而今重新做爲企業的管理人，無論我要找的新員工是即戰力，還是值得培養的潛力股，我的考量依舊是尋找能夠斜槓的通才。因爲做爲職棒領隊，除了選擇球員之外，我的選才也包括了和我一同運營球隊的成員。

當時我要推動科技棒球，將先進的運動生理量測科技導入球隊，我找到了在美國灣區甲骨文公司擔任工程師的林麒仁，他就是一個能夠斜槓的標準通才。而爲了他熱愛的棒球斜槓，他不惜放棄高薪的工作，排除萬難，取得家人的諒解和支持，回到臺灣來加入味全龍團隊。至於我聘請的味全龍設計總監郭秉承，從雪豹時期就一直是同事，他在經歷不同產業後，又回到家族經營的百岳戶外用品連鎖通路擔任CEO，而他自己在閒暇時當調酒師，又是個充滿創意的設計師，本身就是個標準的斜槓型通才。

當時能夠選到林麒仁和郭秉承這樣的團隊成員，和我一起運營味全龍這個大團隊，對他們來說，是個人斜槓生涯的另一次延伸，對球隊來說，是借重了他們源自不同領域而來的創新能量，而對我來說，則是我對通才和斜槓選才理念的實踐。

像這樣的故事，並不會因爲離開其中的一條斜槓而結束，反而是接續了另一條未知的斜槓，等著在斜槓的右邊，加上一個全新的職稱／工作／領域／身分／角色／成就。

Password

4. 年輕就是本錢

內容摘要：年輕的人生就是不斷按下快轉鍵，讓迭代帶來認知的升級

【提問1】

我害怕，因爲我不知道未來會怎樣？
我茫然，因爲我就是不知道自己可以做什麼？
人家說「青春無價，但並不無敵」。年輕的我一無所有，究竟有什麼本錢？

第一個本錢：可以站在自己故事的起點

許多人不知道，我四歲就做過開心手術。如果我脫掉上衣，你會看到我的胸前有一條巨大的傷疤，因爲我有先天性心臟病，全名叫做「心室中隔缺損」加「肺動脈狹窄」，必須要開刀治療才有辦法能夠活下來。幫我動刀的是臺大醫院洪啟仁醫師，那一年，全國矚目的大新聞是忠仁、忠義連體嬰的分割手術，而洪醫師正是該手術小組的召

集人。

才四歲的我當然並不知道當時的情況，也不知道自己面臨了什麼樣的重大手術，後來我的家人告訴我，當時住在我隔壁床的孩子也和我有一樣的心臟病，我們兩人住院的時候每天都玩在一起，可是最後他並沒能挺過那一關，進去開刀房之後就再也沒能活著出來了。

從我懂事之後，對於自己能夠活下來，我除了感謝還有珍惜，所以我加倍地利用自己活著的每一刻。雖然我天生引擎就比別人差，還進廠經過大修，但長大了之後投入工作，就一直比許多人來得拚命，原因就是我有一種時間上的急迫感。別人一個時間做一件事，我則是一個時間之內想做完八件事，所以才會同時展開那麼多的斜槓經歷。

我有點駝背就是因爲這個手術，也算是個後遺症吧！雖然我身高183公分，但因爲心裡有著開刀的陰影，我有一段時間不敢擴胸，怕一用力就會把傷口給撐開。醫生叫我不能游泳，因爲池水溫差太大，怕我的心臟受不了會痲痺，所以我幼年時也鮮少有人會看到我的傷疤。

但洗完澡，我還是會面對著鏡中的自己，有時看著胸前的那個傷疤，我就不禁在想，自己有沒有好好利用這老天給我的第二次機會。

人們總說，年輕就是本錢，這句話我也認同，只是對這句話的意涵我有自己的一套延伸。很多人在年輕的時候什麼都沒有，有的就是大把的時間和無窮的茫然。但回頭去看，我卻認爲年輕的時候我們有四個無可取代的本錢，是我們經營這一生所需要的最初資本。不管你是不是含著金湯匙出生，年輕的你都自帶這四個本錢。

這四個本錢，就是四個「可以」：四個只有在你年輕的時候可以去做的事。

第一個本錢，是你可以站在自己人生故事的起點。每個人的一天都一樣只有24小時，時間是公平但永不回頭的無情，只要你還年輕，你的故事就才剛開始。你就像是一只空杯，裝什麼都可能。這就好像創業者所說的本夢比，因爲夢想無限大，所以未來無限光明。

我自己故事的起點，可以說是從高中正式開始。因爲我認爲人的定性就是在高中的時期，從那時開始，我們不再只是個孩子，但又還不是個大人，在身心靈正經歷著這個巨大的轉變時，我們接觸到了什麼樣的人和什麼樣的環境，對我們接下來的這一生影響重大。而我人生的第一桶金，其實就是在高中的時候挖到的。

這並不是說我高中就賺進了大筆財富，而是我在那時開始看到了不同的人和世界，這樣的經歷，成了我一生的寶藏。我念的是師大附中，而我接觸到的校風，就是「不在軌道上運行的不按牌理出牌」。

在那個還有高中聯考的時代，附中可以說是考生們心中的外卡，志願卡上的異數

（outlier），有許多能上建中的學生就是要念第二志願的附中。當年的附中早就已經是社團風氣極盛，許多畢業生後來都開展出了斜槓人生，無論他們是組樂團還是從政，在德智體群美五個項目上衆人各有所長。

就是因爲不強迫塡鴨的自由校風，埋下了他們心中的種子。從我們那個年代，就是想念附中，現在也是，因爲學生們認爲附中感覺就是很好玩，充滿了不同的可能性，師大附中這個品牌是有這樣的形象和內涵。

而我自己回頭去看，也發現高中對於我的人格影響非常重大。我仍然保有原生家庭給我的眞誠善良，而附中經驗則是給我加添了新元素，讓我敢於冒險，不再需要死守規則，而開始去嘗試做自己想做的事。

如果你是我的國中同學，你會覺得我是一個謹小愼微的人，剛進高中的我依然如此。我父親是大法官，不僅國臺客德英語全通，也做過教授和檢察官，完全是一個法政方面的文武全才，但他從小就不希望我接觸法政。這就好像很多醫生不希望孩子和自己一樣辛苦從醫，我父親也認爲我不適合從政，也考不上司法官，所以就叫我去念理組，以後做個單純的工程師和上班族。

而在高中同學的眼中，那時的我看起來就是一個超傻呆的跟班，沒有什麼自己的意見，跟著大家的屁股後面跑。如果有同學要去女生班送情書，我也會跟著去，但我的角色就是在一旁幫忙提書包的路人。人家把妹我把風，人家抽煙我也把風，人家騎最潮的街車NSR我也只能坐在後面吹風。

和許多人一樣，我高中時做了很多第一次的事：第一次打保齡球，第一次去KTV，第一次和同學去看電影，但可怕的是我高中才第一次去逛夜市。從這裡就看得出來，我一直被家裡保護得很好。我第一次去的是士林夜市，因爲高三去打靶，結束了之後穿著制服跟著同學去逛。我還記得自己一進去就變成進大觀園的劉姥姥，看都看呆了。我一直在讚歎這裡怎麼會有這麼多人，有這麼多吃的，然後有這麼多人在一起吃東西。身邊的同學看我這樣驚呆的反應，都覺得受不了我，不只罵我是智障，還要我把制服脫掉，離他們遠一點，因爲跟我走在一起很丟臉。

就是這樣什麼經驗都沒有的我，從謹小慎微的聽命行事，到了高中畢業居然會反抗父親堅持要念理組的指示，離經叛道地去跨考文組，原因就是我看到了不同的同學和不同的世界。像是後來成立知名樂團的同學每次考完試都被老師叫起來，完全放棄學業的他，老師怎麼勸也沒用，他只埋頭在自己創作的音樂裡。也有同學根本不去上課，只爲了心愛的女孩而和別班同學單挑，打到流血。

他們不花時間念書，不在乎其他人在意的學業成績，只管他們自己做的音樂，自己愛的人，或是自己騎的車，這讓我反思自己在念的理組，究竟是不是我想念的東西？他們在我的小宇宙裡開啟了一個新的大黑洞，用力地把我吸了過去，從此偏離了我父親幫我設下的軌道。

後來的他們也都找到自己的路，有人出唱片有人出書，有人成爲最年輕的地方首長，也有人一路展開斜槓人生至今。也有同學在發了唱片之後決定退團，從此錯過一個世代的繁華而成了一個單純的上班族工程師。世事難料，那就是一種附中學生忠於自我的選擇。

這裡就是一個如此離奇的地方，我後來才知道，當時在我們看來是偏離軌道的同學，原來是自成軌道的恆星，因爲臺灣的教育體制壓抑著他們的光芒，於是他們決定自力發光，而在附中，至少給了他們一點發光的希望。

像焦元溥是小我兩屆的學弟，也是和我們家互有往來的朋友，他那時就熱愛古典樂，後來也成爲他人生的一個斜槓。那時不像現在，每個人都可以使用自媒體，根本沒有臉書或是YouTube這樣的直播管道。但附中的老師知道少年焦元溥對古典樂的熱情，於是利用中午吃飯的時間，讓他用學校的廣播系統去開自己的節目，播他想推薦給同學們的音樂，大家可以邊吃便當邊了解古典音樂。附中就是這樣，雖然你只是個高中生，但學校若有什麼資源可以用，就讓你去用來發揮你自己的天分。

附中是不以世俗價值觀取勝的學校，因爲它不是在培育行星和衛星，而是在造就恆星的地方。

那時的我，並不是什麼偉大的恆星，也就只是一個年少無知的空杯而已。但因爲身處在這樣的環境，年輕的我用這只空杯裝滿了全新的觀察，讓我發現自己愛玩社團，更愛管閒事，所以進了東吳大學四年全待在學生會擔任學生幹部，我也擔任卡內基美隆大學的臺灣校友會長相當一段時間。

我從這只空杯裡開展出了我自己的斜槓背景，之後我在工作上選才的時候，也堅持要晉用有斜槓背景的人才，就連棒球也是在我很小的時候就裝進這個杯子裡。

我八歲的時候遇到洛杉磯奧運，因爲電視有轉播，所以從此開始愛看棒球。我父親一直很好奇爲什麼我會這麼喜歡看這個用棒子打球的運動，雖然他自己沒興趣，但因爲我喜歡，所以他試著透過棒球來融入我的世界。我人生的第一場球賽就是他帶我去看的，那是職棒元年龍虎爭霸的總冠軍戰。對棒球一無所知的爸爸，居然會自己提議去看球，斯文的他還跑去排隊人擠人地買票，眞的令人不可思議。我只要想像一下，在我的腦海中就會浮現出一個穿著襯衫西裝褲的斯文人，即使和一群素不相識的人一起看球很不自在，但他還是耐著性子，在衆多大漢和臭汗之間陪著兒子看完這場十分陌生的比賽。

那是我第一場去現場看的球賽，我爸爸當時當然不可能會知道，自己的兒子後來會當上這支球隊的領隊。他只是讓我去做我喜歡做的事，之後每個週末下午電視有轉播，他也都會開著電視留給我把比賽看完。

父親讓我做我喜歡的事，但卻堅持要我在高中時念理組的原因，是他希望我能夠和我姊姊一樣過著單純、平凡而直接的人生。我姊姊念完淡江英文系之後出國，在南加大遇到我姊夫，兩人一起在加州定居生子，這就是爸爸希望我過的人生。而我違背了他的意思去報考文組之後，我本來以爲自己會遭到他一頓痛罵責罰，但卻意外地得到了他的了解和支持，得以順利進入東吳大學念政治系。

最後我確實沒有因爲念了政治系而從政，大學畢業後又走回了父親原本爲我規劃好的生涯路徑，出國念了資管碩士之後去當一個工程師，但走過這一遭的經歷，對我人生的意義和影響已完全不同。後來的我不是只做一個上班族，而是自己創業，一路展開冒險的斜槓人生，以及成爲一個希望擁有影響力的人。

這就是我所說的第一個年輕的本錢，我可以站在自己故事的起點，去感受不同的人事物，我可以拿著空杯去裝任何我有興趣的可能性，無論是什麼顏色、任何角度、各種領域及所有方向都能接受。

不只是我，所有人都可以這麼做，因爲他們正年輕。

【提問2】

我若是念中文系，畢業出來要幹嘛？我不知道。

我若是念會計系，畢業卻不想考會計師又該怎麼辦？我也不知道。

我什麼都不知道，這樣是不是很糟糕？

第二個本錢：可以不知道自己不知道

就算你錯過了你的高中時代，也並不代表你就此不再年輕，在進入大學和職場時，你還是一樣可以保持空杯心態。而在職場上，年紀對於剛畢業的大學生雖然有時候會是一個弱點，但年輕人確實有著更多不一樣的優勢，尤其是年輕的你可以「不知道自己不知道」。

所謂「不知道自己不知道」，簡單地說就是沒有自覺。明明什麼都不知道，但又自我感覺良好。當人處在這個認知的階段時，因爲沒有自覺，所以就不會想要進步。只有等到人認知到這一點，發現自己居然有這種「自以爲是」的錯誤之後，才會開始想要改變。通常人會發現自己的無知，都是經由外界的刺激，透過他們看過的書或YouTube影片、上過的課或聽過的演講、接觸到的人和遭遇到的事，才會讓人認知到自己的不足而想要改變。

我一直試著用大學校園演講做爲一個傳遞知識的管道，因爲以前的資訊來源不像現在那麼豐富，年輕人能夠聽到不同觀點的方式並不多，但現在不同了，不只是有很多的網路資源，而且也有更多像我這樣的人，尤其是七年級這一代的意見領袖，都抱持著利他的初衷去分享自己的經驗給年輕的大學生們。

在校園演講時，最容易遇到學生們問我的問題，都是他們想要突破教育體制下的罐頭工廠思維：比如說，我念中文系出來要幹嘛？或是我念會計系，卻不想考會計師怎麼辦？

無論是出路無限可能的中文系，還是說有固定出路模式的會計系，都會讓學生們不知道該怎麼辦？沒有明確的生涯路徑，像是中文系的學生對未來不確定的就業狀況會覺得害怕，至於有明確的出路方向，像是會計系的學生，也是一樣有壓力，害怕自己若是不跟著大家一起走這條路的話，未來可能會出大問題。

我在美國和大陸一樣會遇到這樣茫然的學生，但比例卻沒有臺灣這麼高。我覺得這是因爲美國大學生到大三才正式分科，前面他們有很多機會接觸到不同的思維，而不是一頭栽進自己的專業本科之中；其次，美國大學生在學期間很重視實習，在有一些社會經驗和工作體驗之後，再回來學校裡面修正自己的學習路線；此外，美國大學的教育方式並不塡鴨，內容更追求創新和更新，不會讓學生覺得自己念了很多書，卻不知道要用來做什麼。

至於大陸的學生則是普遍想要爭出頭，他們認知到競爭的激烈，也知道只有學歷和實習經驗還不夠，所以他們很多人都會自主學習各種職場上所需要的軟體和技能，這些工具是他們脫穎而出的憑藉，而他們更感受到周遭的人也都有類似的打算，於是彼此催逼的結果，讓他們普遍擁有更多的工具。他們給我的感覺不是茫然，而是熱切和迫不及待要上職場去拚搏。

相形之下，臺灣學生大一就分科，體制沒有給他們更多機會去探索自己是否有其他的可能性，加上很多科系沒有實習的傳統，學生打工都是以賺錢爲目的，和自己的科系沒有直接相關。而且臺灣已經進入經濟發展的平原期，很多學生都習慣了待在舒適圈裡的生活，追求身邊唾手可得的小確幸，甚至鄙夷那種爲了生活而拚命學習新技能的汲汲營營。一直要等到他們畢業找工作碰壁之後，才會驚覺自己沒有足夠的求職工具。

現實是殘酷的，在臺灣，如果一家公司要面試一個沒有任何經驗的新手小編，問的就是你會什麼影像編輯工具？Adobe家族工具會幾樣？如果什麼都不會就沒有被錄取的機會。學生必須有明確的認知，現在這個時代，你本身會的工具就是你在工作上所能創造出的價值。但現在同學們沒有這個認知，他們也不知道「自己不知道」這件事，所以就不會想要花時間去學習不同工具，而把大把時間花在其他的玩樂之上。

做爲年輕人，我認爲他們擁有的第二個本錢，就是他們可以「不知道自己不知道」。因爲其他經歷過這段過程的人會認爲這很正常，所以會盡量包容年輕人，並且試著引導他們認知升級。

也就是說，年輕的時候無知或是自以爲是，都是再正常不過的事情，所以在學校，老師會包容學生，一點一滴地教導他們；在職場，主管和資深前輩也會多一點耐心，一步一步帶新人，期待他們能夠儘快開竅。人們會期待你在經過淬練和學習之後開始成長，也就是你的認知開始往上升級，反之，如果你到了四十幾歲還是一樣毫無自覺，無論是你的老闆、同事、部屬或是客戶都不會再忍耐。

「認知升級」是我經常引用的觀念，意思就是人的認知程度是分爲不同的階段，必須要透過學習來提升自己的認知，不斷地從現在所處的認知階段往上提升。所謂的「認知」，就是你對人事物的了解和看法，而你的認知會影響你的行爲，很多時候你的認知會出現偏差和錯誤，所以才讓你做出錯誤的判斷和不當的行動。

像是美國兩位社會心理學家唐寧（David Dunning）和克魯格（Justin Kruger）提出的唐克效應（Dunning-Kruger Effect），就點出了人們對於自己缺乏某種能力但又沒有自覺的認知偏誤。也就是說，在某一方面的能力和專業知識明明就不夠的人，因爲沒有這樣的自覺，反而常常會高估了自己的能力。

研究還進一步發現，差勁的人往往會高估自己的實力，而眞正厲害的人反而會低估自己。舉例來說，唐寧和克魯格在2003年的一項實驗裡，讓一群大學生在考完課堂測驗之後對自己的表現做出自我評估，然後拿來和他們的實際成績做比較，看看「認爲自己能拿幾分」和「實際拿到了幾分」這兩個分數之間是否有明顯的差別，結果就發現成績愈差的學生愈容易認爲自己考得很好，反而成績最好的那些學生會低估了自己的實力。

能力不好的學生，卻對自己有盲目的自信，這就是一種認知的偏誤。反觀那些不會過度自信的學生，實際表現卻是最爲出衆。根據這樣的現象，衍生出了很多關於認知升級的論述以及在職場上的應用，許多知名的企業家，像是獵豹移動的傅盛，或是派網的陳勇，也都有自己的一套詮釋和引申。最常見的一種看法，就是把人的認知分成四個階段，並且利用「自信」和「能力」來做階段性的對比。

第一個階段是「不知道自己不知道」，這時的人就像井底之蛙，不知道外面的世界有多大，但因爲身在井底，所以井蛙無從得知自己的認知是錯誤的。他們的自信爆棚，但實力很低，而形成了巨大的反差。

第二個階段則是「知道自己不知道」，這時的人就像走出井底的青蛙，看到了外面的世界有多大，赫然發現了自己的無知。在這個階段的人，會因爲他們知道自己不知道的事太多了，所以會想要不斷地充實自己。有了自知之明，所以他們的自信心明顯下滑，變得非常痛苦和害怕，只能埋頭學習來改變現狀，自己的實力也隨之增長。蘇格拉底的那句名言「我只知道一件事，就是我什麼都不知道」，就是指這個階段的認知。

第三個階段是進展到「知道自己知道」的認知狀態，也就是經過一段艱辛的成長期之後，人已經能夠掌握某一種專業的知識和技能。這時的人已經開始找回自信，因爲他知道自己已經知道了足夠的資訊，也知道自己能做到什麼程度，可以說是自信和實力最爲相符的一個時期。

第四個階段則是更進一步地升級到「不知道自己知道」，如果說第三階段的人是單一領域的專家，那第四階段的人就是大師級的人物，不再只侷限在單一領域的思考，而是因爲自然而然地應用過去累積的知識對事物做出判斷。大師常常不知道自己已經掌握了其他領域的知識要領，面對未知的問題，即使已經說出了正確的答案，他也渾然不覺。這時的人最爲謙虛，明明很厲害，自己卻不這麼覺得。即使擁有高超的實力，卻並不自負，心態仍像是一只空杯，這讓大師們保持著繼續學習的動能，即使他們的認知升級到了最高階段也還是不會停下往上提升自己的腳步。

不會有人期待年輕人一開始就是身處在第三階段的專家或是第四階段的大師，所以初入職場的年輕人可以有本錢仍然處於第一階段，但大家都會期待這樣的年輕人能夠趕快從第一階段的自以爲是跳到第二階段的開始成長。

年輕的你，可以「不知道自己不知道」，但不能永遠都停留在這個階段，必須開始「認知升級」。若是能夠從學生時代就開始升級，就更容易跨過求職的高牆，日後也更有機會成爲大師級的人物。

【提問3】

我究竟適合什麼樣的工作？
什麼樣的產業最適合我？
我究竟適合什麼樣的職位？
什麼樣的公司最適合我？

第三個本錢：可以不斷地試錯

年輕，就像是一只空杯，裡面裝著無限的可能性，所以年輕人可以有機會設定自己故事的起點，也可以獲得更大的包容和成長空間。除了這兩個本錢之外，年輕人還可以擁有更大的容錯空間，不斷地去嘗試錯誤，只要保持小步快跑的節奏，快步去做，發現錯誤之後快速修正，經過這樣反覆的迭代，很快就會找到屬於自己的正確路徑。

聽來很合理，社會大衆本來就認爲年輕人有犯錯的權利，但我想強調的是，這裡所說的「錯誤」，並不是基於道德上的判斷，而是基於實用性的檢驗。也就是說，犯錯並不是犯罪，你不能說因爲我年輕，所以我可以毫不在乎地去犯下違法或是破壞倫理道德的錯誤，這是「試錯」邏輯的誤用。

我們在討論的是個人學習和職場成長之間的關係，而我所在意的「試錯」並不僅僅是「爲什麼」年輕人可以犯錯，而是在於年輕人可以「怎麼樣」去犯錯：犯錯，不該是「無心之過」，而該是「有意爲之」。

這並不是說年輕人要故意做錯事，明知故犯地走錯路，繞大圈去吃苦頭。而是在面對未知的情況時，若是沒有已知的正確路徑，也沒有明確的參照座標，年輕人應該要大膽地去嘗試錯誤。

加拿大的管理學者明茨伯格（Henry Mintzberg）曾分享過一個關於「蜜蜂和蒼蠅」的故事，把一個玻璃空瓶橫放在桌上，瓶底朝著窗戶的陽光，瓶口則朝著黑暗。如果把一群蜜蜂和蒼蠅困在這個玻璃空瓶裡，沒一會兒功夫，四處亂竄的蒼蠅就找到出口飛了出去，而有著向陽性的蜜蜂則是朝著陽光的方向不停地前進，即使撞上瓶底也不放棄，最終都累倒在瓶子裡。

蜜蜂的行爲，就是和一般人常用的「試對」邏輯。本能地認爲朝著陽光走才是對的，所以就照著這樣的原則去走。至於蒼蠅的方法則是「試錯」，經過嘗試、發現、修正、再嘗試，直到他們發現解決的辦法。

而在「試錯」的過程中，該怎麼做才能得到最大的效果？我認爲有三個重點，第一是要縮小範圍，第二是要小步快跑，第三是要持續迭代。

縮小範圍，指的是在試錯之前，要先做好基本功課，把可以嘗試的路徑和方法先整理出來。「試錯」並不是無的放矢，也不是盲目地猜測答案，而是自成條理地去一一檢驗可能的解決方案。舉例來說，當你在求職的時候，你想要解決的問題就是「究竟什麼樣的工作適合我？」你雖然不知道自己適合什麼行業，但你不會每一種產業都去嘗試，而是基於自己的興趣和能力列出一些可能性的選擇，這樣就幫助你減少「試錯」所需的時間和成本。

小步快跑，則是指在試錯的過程中要保持快速的步調。你不需要全力衝刺，因爲這樣造成的巨大慣性會讓全速前進的你難以轉彎，失去彈性。你也不該慢慢來，因爲「試錯」可能需要很多次的嘗試才能得到正確的結果，一旦步調太慢，可能就會拖過時效，甚至錯過了修正的機會。保持小步快跑的節奏，自己有靈活的彈性可以變奏，又能追上外在時局的變化，才能有效地進行「試錯」。

最後，持續迭代就是根據前一次的試錯結果，做出調整之後再試一次。「迭代」（iteration）是一個不斷重覆類似過程的活動，目的是要盡可能地朝我們所需要的目標和結果靠近。前一次迭代的結果，會用來做爲下一次迭代的起點，而透過不斷重覆的迭代，我們就更有可能會找到需要的結果。

應用這三大執行重點去進行試錯，就是做好自我檢查和準備，擬定好了嘗試的路徑和方法之後，使用適當的速度去跑這個流程，一旦錯了就根據結果做出合理的修正，然後再跑一次，不斷地重覆，直到找出解決方案爲止。

聽起來這會是一個耗時又費力的過程，但也是一個充滿動能和可能的前進狀態。在互聯網的環境，試錯和小步快跑所創造出來的快速迭代，正是每天互聯網產業都在實踐的邏輯。「早上討論、下午開發、晚上上線、隔天看數據」就是此概念的最佳實踐。

在當前不停變動的環境之下，一家公司若是花費長時間去創造一個他們認爲「對」的產品，風險是相當高的，團隊必須要有風險控管機制，才能避免失敗，而「試錯」是降低風險的好方法。所以，在互聯網想要占先，所需要的思維邏輯是試錯，而不是試對，專案團隊花時間、腦力激盪出來的新功能或許方向錯了，但只要速度夠快、檢討數據、修正問題，重新決定下一步，如此反覆執行，團隊會越來越能抓穩市場的趨勢，走向正確的方向。

許多新創品牌的成功邏輯也是一樣，要推出市場上目前沒有的產品或是服務，就是必須要進行「試錯」。先縮小範圍，找出可能方案，在小步快跑地去推動，並在市場消費者提供反饋意見之後立即修正，然後再反覆進行，這樣就能提高新創品牌的成功機率，在市場上存活下來。

對於就業市場來說，年輕人本身就是一個新創的產品和服務，在激烈的競爭和快速變動的環境之下，你要如何修正自己的產品特色和服務內容，讓你的目標消費者（雇主）能看見你，選中你，並且讓你發揮出應有的效力，就要大膽試錯，小步快跑，然後不斷迭代。

如果你要選擇自己創業，也是趁早試錯最好！即使費工又耗時，但年輕人的本錢就是可以不斷地試錯。倒下去就再站起來，在這樣重覆的過程中成長，自然會變成未來成功的基礎和契機。

【提問4】

你來到我們學校演講，總是鼓勵我們畢了業之後的第一份工作，應該要從小公司或是新創開始做起，可是我看你的履歷，你一開始就是從大公司出來的啊？你沒做到的事，怎麼會要求我們去這麼做呢？

第四個本錢：可以不斷按下快轉鍵

我去學校演講很多次，在最後開放Q&A的問答階段，學生們提出來的問題都很相似。其中這一題更是常常出現，許多學生在聽完我的人生經歷和演講內容之後會提出質疑，因爲他們認爲我的論述有瑕疵，要他們去新創小公司上班，而我自己當年卻是去外商大公司，這根本就是言行不一，站著說話不腰疼。

經驗多了，我也早就準備好了這一題，並且把我的答案留做我演講的總結。我告訴他們，現在的他們有多麼幸福。市場上有這麼多充滿活力的新創小公司，五花八門，可以供他們自由選擇和探索。當年的我，根本沒有這樣的土壤可以讓我去成長。我只能去大公司從基層幹起，但在這個過程當中，我從來都沒忘記要不斷地按下人生的快轉鍵。

我認爲，人生想要成功，就是要不斷地按下快轉鍵：該做的事情，趕快做完。想做的事情，趕快去做。

該做的事情，就像你想要在大學畢業之後出國留學，那你就在大三的時候把托福或是雅思考完，大四的時候把GRE或是GMAT考完，反正都是該做的事情，那就把握時間盡快做完，不要後來因爲要準備這些考試而拖延了進程。按下快轉鍵，讓自己快速跳往下一個階段。

但千萬不要誤會我的意思，按下快轉鍵並不是要你跳過該做的事，這和看影片的邏輯不一樣。當你按下了影片的快轉鍵，你確實可以跳過很多內容和細節，但你沒看到就不會知道發生了什麼事，這樣只省了時間卻漏了重點。你的人生每一秒仍是按照正常的時間在走，你該做的每一件事依舊在你面前等著你，你的人生就是你自己拍的影片，每一個鏡頭和每一個場景都一樣得準備好了之後去完成，才能連成一個完整的故事。別人在看你的人生故事可以快轉，你自己在拍你的人生故事就無法偷懶。

話雖如此，但你可以比別人快，舉例來說，當別人第一場戲還沒拍完，你已經眼明手快地拍到第十場戲了。中間的每一場戲你都沒跳過，但你拍的速度就是夠快，所以進度能夠超前，這就是快轉鍵的眞義。

同樣是22歲大學畢業，你因爲按下了人生的快轉鍵，所以已經拿了雙修，取得工具和證照，去過海外交換學生，到過公司實習打工。同樣是25歲的職場新生代，因爲你按下了快轉鍵，所以過去三年你已經嘗試三種不同的斜槓工作，同時也歷練三家經營規模和業態各異的公司，從單兵作戰的基礎執行，到帶隊協作的進階規劃，這些你全經歷過了。只要是你認爲該做的事，那就提前去做，及早完成。

至於想做的事，更是如此。就像談感情，不要一直想呀想，猜測著自己適合什麼樣的對象，然後在戀愛的大門外徘徊，遲遲不敢敲門。你說你深怕來應門的人會說對自己說不，然後就此被拒於門外，但是，你光是想像是不會發生認知的，因為認知是從經驗當中得來的。你得動手去做，才會得到經驗，才會產生新的認知。實際嘗試了之後你就會發現，原來戀愛的大門不只一道。按下快轉鍵，跳過躊躇遲疑的階段，直接跳上正面直擊的舞臺，不要只想而不做。

像我前面提到的卓致宇，從升學班出身卻一路發展出球員／球探／情蒐分析／大聯盟球隊翻譯的斜槓經歷，就是因為當年他想打球當投手就去嘗試，當他發現自己該要發展統計專才就去進行，所以他不斷地按下人生的快轉鍵。從線上的分析課程去學習，也參與實際的球隊運作去精進自己，所以才能一路前進，並在30歲之前累積了大聯盟球隊的工作資歷。他曾說，自己在面試海盜隊翻譯職缺的時候，對方就是看上他有資料分析的附加價值而選了他。

即使卓致宇在學界／球界，在生命科學／統計分析，在臺灣／美國，在球場和職場之間不斷擺盪，但為了追求更高的殿堂，他持續按下人生的快轉鍵，他的認知也隨著他所經歷的一切而不斷地升級，幫助他下一個人生階段前進。而今，卓致宇回到清大念MBA，繼續快轉他的人生。

至於沒有按下快轉鍵的其他人，又是把時間花到哪裡去呢？我在校園演講的時候常做一項簡單的市調，我問在場的大家都是幾點睡？大部分人都是兩三點才睡，但是接著問他們忙到這麼晚才睡，究竟是在做什麼呢？聊天、爬文、留言、看片、打電動和線上購物是我最常聽到的答案。

學生們常會捍衛他們的選擇，認爲這些都是他們「想做的事」，而且社交是他們生活的重點，休閒也是必要的調劑，甚至也能從中探索自我和其他的可能性，所以這些也都是他們「該做的事」。

這話沒錯，但我認爲該要調整的是時間比重。如果你把大部分的時間都留給了這些事情，那麼其他該做和想做的事情就會被排擠，只能到後面去排隊。換句話說，這就是你按下了人生的暫停鍵：在你聊天、爬文、留言、看片、打電動和購物的時候，其他該做和想做的事就停下來等你了。而等你聊完了天、在PTT上爬夠了文、在Dcard看板上和不認識的人吵完了架，看到不想再滑下一個抖音短視頻來看、打完了第三個副本、或是結完了帳，你也累了該睡了，一切等明天再說。時間比重失衡，會讓你被迫按著暫停鍵不放，而就此落後給其他按下快轉鍵的人。

在職場上工作也是一樣，我之所以會建議年輕人從新創的小公司開始，就是因爲新創本身就有一種「快轉鍵」的文化，創業者都是不會空想，直接動手下去做的人。進入這樣的公司工作，除了在生涯初期就能夠接觸到公司是如何規劃出切入市場的營利模式之外，也能夠實際負責各項經營業務的執行細節，這等於是從宏觀到微觀的全面性在職訓練。更能夠和公司創辦人和核心團隊一起工作，親炙新創品牌的行動思維。

從認知升級的角度來看，就是看得愈多，愈知道自己的不足，而能夠開始升級自己的認知。從試錯的角度來看，就是自己的職涯會跟著公司發展的步調一起小步快跑，經過不停地迭代之後而加速優化。這也就是爲什麼職場新鮮人加入小公司能夠按下人生快轉鍵的原因，你可以跟著小公司一起試錯，一起快速成長，如果覺得不行，你仍有機會回去找大公司的工作，而你在新創品牌所累積的經驗，也能幫助你獲得大公司的青睞。

如果是想要自己創業的人，更是要趁年輕的時候就按下人生的快轉鍵。既然想要創業，就把該做的事情迅速完成。

像是和我有多年合作經驗的中信兄弟Passion Sisters啦啦隊長廖小安，就是一個很好的例子。從小學舞又是藝大舞蹈系畢業的她，會走往啦啦隊員的職涯看來十分合理，也一路從籃球跳到棒球。接著她在很年輕的時候就自己創業，還一次開了兩家，一家是舞蹈教室，另一家則是餐酒館。舞蹈教室延伸了她舞者的專業，轉型爲運動酒吧的餐酒館也是運用她在運動界的資歷所開展出來的合理選擇。

在創業的過程當中，她也是不斷地試錯，一旦店面業績反應不佳，就小步快跑地做出調整，思索問題之後找出新方向。靈活地改變營業時段和項目，來調整服務的定位，並試著吸引到更有消費力的目標客層，經過一再的迭代，最後讓她測試出了新型態的展演空間，開始獲得了可觀的成長。即使後來遭到疫情的毀滅性打擊，小安也已經從創業的試錯過程當中取得了下一個可能。

小安自己的說法是「從創業的過程中找到了自己」，讓她發現自己其實不適合做經營者，而是適合做業務。現在的她除了是職棒啦啦隊長，也持續在當直播購物的主持人。她就是在之前創業的實作經驗當中，得到了認知的升級。不只是她對自己的認知，對於直播行業的認知，對於直播消費者的認知，還有各種新產業的認知，從高爾夫球、區塊鏈到虛擬貨幣，她都從原先的「不知道自己不知道」，升級到了「知道自己知道」的專家高度。

趁著年輕，小安一路都在按下人生的快轉鍵，很早就創業，先從單純的表演者變成了經營者，即使創業因爲疫情而失敗，但她因爲不斷試錯，也從中試出了自己在直播工作上的強項和興趣。她可以不斷學習新事物，而她的名言是「眞的做過的人，才懂」。人生就是過站，加快列車的速度，過了這一站，就能開往下一站。愈早開始加速，距離成功就能更近一點，這樣的道理，確實是眞的如此去做過的人才會懂。

年輕就是本錢，該趁年輕的時候，善用手上的資本，這一章之中提到的四個「可以」，都是年輕人特有的優勢。因爲年輕，所以你可以站在你人生故事的起點，用空杯的心態去看周遭的世界，來決定自己接下來的走向；因爲年輕，所以你可以還不知道自己不知道，只要你趁早覺醒，開始認知升級；因爲年輕，所以你可以不斷試錯，小步快跑地去透過迭代的過程找到自己想要的道路；也因爲年輕，所以當按下人生快轉鍵，你可以比別人更快地取得超前的領先。

話雖如此，如果你已經不再年輕，這並不表示你從此沒有本錢開創新人生。雖然相對比較困難，外界對你的接受和包容程度也不像對於年輕人那麼高，但不管幾歲，保持空杯心態，持續小步快跑，大膽試錯，不停迭代，好讓自己的認知能夠再度升級，只要遇上了拖棚的歹戲或是沒有必要的過場，就照樣按下人生的快轉鍵去跳過。

這樣的你，即使過了年輕的黃金期，一樣有機會從後趕上。

Section 2. 跨界領隊：運用互聯網思維與管理

人說「水到渠成」，可以用來形容我先前的經驗讓我後來能夠獲得味全龍領隊的職位。但從「成渠」的那一天，全新的挑戰就已經開始。前四章的中心思想只是讓我取得新職位，鋪陳了我走上領隊的道路，接下來的三組通關密碼就是我如何透過先前互聯網業界經驗的典範轉移，讓我能夠處理棒球世界的全新事務。

味全龍和其他新球隊不同，龍隊有著「重新復隊」的特殊背景。曾經的職棒元老球隊，在頂新集團接手奪下最後的冠軍之後解散。你可以說龍隊有先天基礎，但也可以說這是另一種限制。新球隊有無限想像，是一張白紙；轉手球隊雖是全新管理團隊進駐，但球員編制都已處於完備的成熟型態；但像龍隊這樣從無到有組隊，就是一大挑戰，然後要「名副其實」地去讓過往不滅的龍魂復活，光是新舊球迷的認知差異，期待與現實之間的衝突，就已經是道道難關。加上聯盟雖有加盟辦法，但未曾實際照章執行過一遍加盟的規定流程，等於是完全沒有前例可以參考，對我來說，就是運用過去業界的經驗來做好領隊，這也是我之所以會被找來接隊的原因。

「科技棒球」就是我的管理主軸，本書的第二階段就是我擔任味全龍領隊的日子，接下來這一階段的三章，我要導入的就是創新的定義，並帶出高效的執行力團隊，同時以努力爭取緣分的出現，進一步地成長爲能夠自己選老闆的執行長。

Password

5. 創新的定義

內容摘要：從通則到細則，從棒球變迪士尼，定義該如何做正是創新思維的展現

【提問1】

創新是什麼？

一定是要推出新的事物嗎？

創新該如何定義？

創造出和別人不一樣的東西就叫創新嗎？

定義，也是創新

說到創新，每個人都有自己的定義。對我來說，推出新的事物確實是創新，創造出和別人不一樣的東西也可以被定義爲創新，這些都是創新的定義。而根據我自己過往的經驗，我會認爲在定義一項事物的過程當中，其實就是在進行創新。

我並不是在玩文字遊戲，因爲「創新」對我來說很單純：就是根據已知的資訊，不斷地創造出各種我們所需要的新事物。

就以新創產業來說，每一個創業的構想，其實都是根據現有的技術、需求、條件及環境等已知的資訊，才能進一步地創造出這個市場所需要的全新服務。人用「天馬行空」來形容創新，其實也是因爲大家心中已經先有了「馬在地上跑得很快」的印象，創業者才能給這匹馬加上一雙新創的翅膀，讓牠飛上天空。

這些新創的構想，其實就是創業者們在定義：「這個市場所需要的全新服務是什麼？」只要能夠找出這個創新的定義，就能用來說服初期的天使投資者支持這個構想，吸引其他協力的合作夥伴加入，並且在未來打動消費者的心。

在有了創業的構想之後，接下來就是開始經歷我在第一章之中所說的「從零到一」。這個從無到有的創業過程之中，也是一段不斷創新的過程，因爲我們一樣得要根據已知的資訊，不斷地創造出我們所需要的新事物。

舉例來說，根據已知的商業登記法，要成立公司就要找一個可以登記的地址，但要找什麼樣的地址才是對新創公司最有利的選擇？這就要看新創業者如何創造出合法又靈活的操作方式。

首先，就是要定義「什麼是最有利的登記地址？」，不是每一個創業者都能夠立刻買下一間商用辦公室來做爲公司登記的地址，要做大還要裝修還要請人，所以有些人會想要登記在自己的住家。但這麼做會讓自己住家從住宅變成營業用地，自己的房屋稅率馬上就會被拉高而要多繳稅。若是商借朋友的公司地址登記在一起，這樣做是可以省錢，但可能就得欠朋友的人情。若是不想欠人情又想省時省力，找個商務中心登記又快又方便，但就得花更多錢。除此之外，登記在臺灣的哪一個縣市也是重點，像是臺北市有針對科技及文創產業的補助資源，這兩種產業的創業者就可以優先考慮，只是臺北市的生活及營運成本比較高，拿到的補助夠不夠支付後來的開銷也是一個問題。

所謂「最有利」的定義，究竟是省錢？省時？省力？還是取得其他的資源和附加價值？公司登記看似是一件稀鬆平常的小事，但光是選擇登記的地址，新創業者就必須根據已知的法規和相關資訊，來定義出何謂「最有利」，從而創造出屬於自己的新方式。

這個定義的過程，也就是創新的過程。

創新的定義1：從通則變細則

味全龍復活加盟中職，也是一個「從零到一」的過程。味全龍並不是買下一支現有的中職球隊，而是建立一支全新的職業隊。即使味全龍是中職老字號的元老球隊，但畢竟解散了20年，從球員、球具到球場，所有軟硬體配置都得重新建立。而我在擔任味全龍領隊的那兩年，也必須像是在新創產業時那樣不斷地進行定義和創新。

中職在2017年9月12日公開對外說明新球隊的加盟辦法，辦法當中包括了新球隊要支付加盟金1億2千萬元、五年經營保證金3億6千萬元、並投入地方棒球振興計畫1億元。另外還有相關的配套措施，像是新球隊擁有的優先新人選秀權、擴編選秀權及洋將規定等等。在2019年接下味全龍領隊之後，我就必須根據中職的擴編球隊加盟辦法，一一完成它所規定的加盟條件及流程。

但是，問題來了，加盟辦法是通則，它給定了一個大方向，那時還未曾有球隊實際執行過。做爲第一支適用此一加盟辦法的新球隊，味全龍必須「摸著石子過河」，我和副領隊丁仲緯代表球隊，和當時的中職吳志揚會長、馮勝賢秘書長以及許彥輝副秘書長一起討論，針對每一項規定去釐清具體的待辦事項及準則，做出明確的定義。

像是3億6千萬的五年經營保證金，除了繳交的方式之外，加盟球隊也會想要確定自己在什麼樣的情況下會被視爲違約？違約球隊會面對什麼樣的處分？保證金是違約一次就全數被沒收，還是會依情況按比例被處以罰金？這些雖然都是小細節，但必須定義清楚了之後才能執行。

另外像是1億的地方棒球振興基金，規定之中說可以用來建造球隊的春訓基地球場及宿舍、在主場城市舉辦宣傳活動，以及回饋基層棒球的長期計劃。而當時味全龍針對天母及新竹兩座球場的租借經營是否符合規定？也是在經過進一步定義之後，才能知道什麼是正確的執行方向。

中職官方的加盟辦法就是我所說的「已知的資訊」，我們得根據這項已知的辦法，不斷地去創造出味全龍所需要的新事物。透過定義，我們把通則變成了細則，也完成了創新的過程。

除了加盟辦法之外，其實對一支新球隊來說，還有很多事情是沒有明確的規範可循，得要靠自己來定義。按照加盟辦法的規定，味全龍在第一年（2019年）先選秀之後，第二年（2020年）還要先打一年的二軍賽事，到了第三年（2021年）才能夠正式在中職的一軍賽事出賽。但在二軍出賽之前，2019年的味全龍在選秀之外又該要做什麼？加盟辦法當中就沒有更細節的規定了。

於是我們就開始定義這個時候的味全龍該做些什麼事？而對於當時的味全龍來說，最有利的準備方向就是「找回老朋友，結交新朋友」，所以鎖定球迷經營的一連串創新活動才會就此展開。

從2019年6月1日在彰化成美文化園舉辦「龍迷回家」首次官方球迷見面會，到9月3日開跑的「小龍女」啦啦隊選拔計畫，再到11月9日自辦的「巨龍抵嘉」國際交流賽，都是在定義一支「從零到一」的新球隊該如何與球迷互動的創新作爲。

這三大活動的重點，在於一步一步地爲味全龍在中職出賽做準備，除了球隊之外，也要爲球迷暖身。所以我們先舉辦官方球迷見面會來與老朋友建立第一次的接觸，再透過全新的小龍女選秀活動來和新朋友進行互動，最後再讓新舊球迷一起到國際交流賽的現場看球。

第一場大型活動是球迷見面會，我們定義的重點是「回家」，所以老龍將的回歸就成爲龍迷們最關注的焦點，這也讓活動在臉書公布之後，報名人數不到兩天就破千。在球隊公關陳家奇的努力之下，除了邀請師母謝榮瑤女士之外，最後一共有多達13名龍將回家和球迷見面，包括了教練團成員葉君璋、黃煚隆和張泰山，以及金臂人黃平洋、紅色巨砲羅世幸、打虎英雄陽介仁、陳大順、葉昆祥、林光宏、黃自強、陳長陽和王建強。

籌辦球迷見面會的各項細節，也是我們在定義如何用「互聯網思維」與球迷互動的創新機會。呼應魏應充董事長所說的：「新科技，新高度，新亮點。」本著這樣的理念打造新的味全龍，我和工作團隊一起去找新科技可能的切入點。我們找來了許多網路公司和新創品牌共同合作，球迷從線上報名到現場報到都可以透過手機進行，也讓球隊完成初步的球迷資料庫，做爲後續客戶關係的經營基礎。無法到場的球迷，當天我們也透過17直播全程實況播報。至於現場的球迷體驗，也加入了不同的科技元素，讓球迷測試自己的球速和轉速。

老龍將是球隊過往的根基，互聯網思維則是最新的趨勢，我們的工作團隊根據過往的經驗和最新的科技媒體趨勢，讓味全龍重新定義了球迷見面會該有的流程和內容，做出了屬於自己的創新。

接下來第二個重頭戲是小龍女啦啦隊的選拔計畫，那也是一次全新的定義。味全龍該如何讓啦啦隊的召募過程，變成新球隊行銷宣傳的另一個焦點？從封閉面試轉爲公開徵選，從線下活動擴充到線上互動，從一次到位的單點活動，延伸成三階段的多面向行銷，就是定義這次選拔計畫和宣傳概念的三個創新。

第一階段的線上海選，採用抖音做爲票選工具，計分方式是選擇抖音社群文化當中備受歡迎的標籤挑戰賽（hashtag challenge）和粉絲人數，加上專業舞蹈老師KIMIKO擔任評審長，挑出了24人進入第二階段的選拔賽。而這24人又在味全龍自辦的國際交流賽當中接受實戰測試，並由現場觀眾投票，選出十位小龍女進入正選啦啦隊名單。

選拔完成之後，小龍女的話題仍未結束。第三階段從正式成軍開始，小龍女啦啦隊在2019年亞洲冬季棒球聯盟當中接力登場，後續也在2020年二軍賽事時出場應援，我們的工作團隊仍在持續定義一支啦啦隊還可以有什麼樣的創新作爲。

其中，針對每一位小龍女進行個人特色的行銷和公關話題塑造，讓她們與更多的球迷粉絲建立更多元的互動基礎，像是其中第一代的成員梔梔（張梔呈）曾在銀行擔任業務，但爲了加入小龍女而放棄工作。也因爲她不是演藝科班出身，所以初期練舞要比其他有底子的人來得辛苦，這樣的背景故事就讓她獲得不少粉絲的支持。

後來球團更宣布由Amis艾蜜絲出任小龍女啦啦隊史上第一任總教練，味全龍比照正式球隊的結構編制，從過往只有「隊長」的角色，進化成爲總教練的領袖地位。不只進一步拉高小龍女在球團內的位階，創造了味全龍啦啦隊的隊史紀錄，也定義了中職啦啦隊的全新意義。

小龍女選拔的過程結合了球隊規畫的一系列活動，第二階段的選拔賽，時間地點也選在味全龍自辦的國際賽現場進行。這樣彼此呼應所創造出來的綜效，也讓每一項活動所創造出來的記憶，得以在球迷的每一次體驗當中互相交織。

味全龍在建立了初步的球迷基礎之後，接下來就該在比賽當中試營運。不只是球隊的球員和教練團要在場上實際出賽，所有負責球隊商品販售、餐飲準備和球迷接待的後勤系統也必須要進行熱身。這就好像新遊戲在正式公開上市之前要經過一連串的封測一樣，透過自辦的國際交流賽來進行公開測試，不只是媒體能見度高，賽事強度也夠，對於球隊從場內到場外的成員來說更是一次重要的正式演練。

因此，接續那年十二強賽掀起的棒球熱潮，在預賽結束，超級循環賽即將開打的空檔，味全龍在2019年11月9日及10日以「巨龍抵嘉」為號召，連續兩天在嘉義市立棒球場迎戰澳洲職棒阿德雷德巨人隊。這兩場交流賽，不只是建軍不到五個月的味全龍在進行球隊戰力測試，也是小龍女啦啦隊的正選測試，更是球團所有工作人員的綜合實戰測試。

我們的工作團隊也定義了國際交流賽的話題。因為阿德雷德巨人隊也和味全龍一樣，曾是一支解散後又重生的職業球隊。澳職在1989年成立，阿德雷德巨人隊就是創始的八支元老球隊之一，十年後因為聯盟爆發財務危機而解散。到了2010年澳職正式復賽的時候，阿德雷德一度改名為鯊魚隊，張泰山、陳冠任、胡金龍和倪福德都曾經加盟過這支球隊，直到2019年才決定改為原來的名字巨人隊。

這樣的巧合，讓更多的故事可以發酵。味全龍球團安排讓當時已經43歲的打擊教練張泰山復出比賽，第一場代表味全龍，第二場則代表阿德雷德巨人。由於阿德雷德曾是張泰山旅澳時期的母隊，這兩支球隊正好是他個人職棒生涯的起點和終點，而他復出分別代表這兩支球隊出賽，也成為了他在球員時期沒有機會舉辦的正式引退賽。因為這樣的話題程度，讓民視願意現場直播，也讓全國球迷有機會看到味全龍老將及新軍聯手的難得比賽。張泰山不負衆望，擊出徐若熙145KM速球形成大號全壘打，讓球迷看到他的寶刀未老。

2019年的這三大活動，無論是球隊上下還是新舊球迷都做了完整的暖身。除了球隊和球迷之外，我們也開始活絡外部的各家贊助廠商，同步展開一支職業球隊必備的贊助合作。像是遠東商銀旗下的Bankee社群銀行就提供了大額的贊助，負責該品牌的副總戴松志熱愛棒球，也熱衷於新創事業，讓味全龍在二軍時期就獲得有力的支持。而爲了接地氣，味全龍也和嘉義在地的新創品牌合作，像是由嘉義孩子所創辦的Bznk必可企業募資平臺，從味全龍首度開訓時就開始贊助。

在球隊正式啟動商業模式的運作之後，接下來打完了二軍的賽季，參與第二年的中職選秀和擴編選秀，全力爲第三年的一軍球季備戰。味全龍就這樣照著聯盟的規定，完整地走完了一次新軍加盟中職的必經流程，等於是開出了一條路和作業模板，讓後來加盟的球隊能夠照表操課。

這一切的準備工作之中，無論有沒有官方規定的通則，我們的工作團隊都能根據已知的規定、過往的經驗和現有的資訊，來定義出執行的細則，進而完成了一系列的創新。

【提問2】

如果要你來定義，請問味全龍最該鎖定的競爭對手是誰？

是人氣最旺的中信兄弟？

還是帶起加油風潮的樂天桃猿？

或是強打美式球風的富邦悍將？

又或是從沒離開過的元老球隊統一獅？

甚至是和味全龍一樣加盟中職不久的臺鋼獵鷹？

創新的定義2：從棒球變迪士尼

如果要我來定義，我認爲味全龍最該鎖定的競爭對手不是兄弟，也不是桃猿，更不是中職之中的任何一支球隊。甚至味全龍也不需要去和隔壁棚的職業籃球搶觀衆，無論是PLG還是T1聯盟，都不是味全龍最該擔心的對手。

對我來說，只要不是在打棒球比賽，味全龍的競爭對手就不該是職業球隊，而是整個娛樂休閒產業，包括主題樂園、電影院、高爾夫練習場、保齡球館、KTV、線上遊戲、元宇宙和其他正在興起的複合式娛樂活動，因爲它們才是會把消費者從棒球場給拉走的可怕殺手。

一支球隊若想要在球場上的競爭之中獲勝，就必須不斷地導入創新的思維和技術來進行訓練和比賽。同樣地，一支職棒球隊若想要在商業的競爭之中獲勝，就必須不斷地創新，才能夠從競爭者手中把消費者給搶過來，所以，一支職棒球隊在經營上的創新思維，應該要從定義自己的競爭對手做起。

從過往產業變遷的經驗來說，一旦定義錯了對手，即使一時獲得了巨大的成功，不久之後就會遭到市場淘汰。但該如何才能正確地定義出自己的競爭對手？先讓我舉兩個在臺灣市場紅極一時，但最終難以爲繼的例子。

第一個例子是55688。以前臺灣人坐計程車的習慣是在路邊直接叫車，隨叫隨有，十分方便。一開始推出電話叫車的時候，許多人還不習慣要花錢打電話，還要花時間和客服人員溝通等一下要上車的地點和時間。然而，隨著電話叫車愈來愈普及，許多人發現在路邊無論怎麼招手都攔不到空車，因爲路上能看到的計程車都已經被電話預訂走了，所以他們只好也打電話去叫車。各家車隊也以電話叫車專線的服務相互競爭，最終臺灣大車隊的55688成爲叫車市場的第一品牌。

然而，電話叫車這樣的創新服務，後來就遇到了產業外競爭者的強力挑戰，也就是Uber白牌車。臺灣大車隊雖然成功地打敗了其他由計程車業者所組成的車隊，但卻被更廣大的一群自用車司機所取代，他們不是計程車司機，但卻組成了更龐大的車隊，提供更多元、更方便、甚至更便宜的運輸服務。臺灣大車隊那時不會想到最終打敗它的對手，竟然不是從其他計程車隊之中脫穎而出的挑戰者，而是從另一個產業跨界入侵的破壞者（disruptor）。

第二個例子也和電話號碼有關，那是叫披薩用的8825252。當年披薩剛進入臺灣時，對於消費者來說是一個全新而陌生的外食選擇。那時必勝客和達美樂互相競爭，推出買大送大，電話叫餐，免費外送的創新服務，並且利用大量的電視廣告洗腦消費者，讓我們記得電話要打幾號來叫披薩。雖然披薩並不是臺灣人的主食，打電話叫外送也不是我們原生的飲食消費習慣，但它很方便，先打電話訂餐之後，等一下就來了，分量多還送可樂，對於家庭來說是個不用煮飯又不用出門的外食方式，而對於年輕的學生族群來說，因爲披薩可以分食的特性，學生們可以共同分攤花費，這也讓叫披薩成爲時髦又經濟的聚餐選擇。

必勝客和達美樂在行銷戰上打得你死我活，眼中的對手只有彼此，然而後來Uber Eat和Food Panda兩大外送平臺出現之後，「電話訂購，免費送餐」這個由披薩業者長期強占的創新優勢就此被打消，透過外送平臺，全臺各種飲食都可以提供相同的服務，即使需要付外送費，但是多樣性的餐飲選擇，相對便宜的餐點價格，和臺灣低廉的外送服務費用，在在都抵消了外送費所造成的成本差異。現在披薩再也不是外送市場的第一選擇，連鎖披薩的店面也逐年銳減，不復當年盛況。

55688是很棒的創新，因爲用電話就可以叫車，但它後來遇上了Uber；8825252也是很棒的創新，用電話就可以叫餐外送，但它後來遇上了Uber Eat。他們在稱霸市場的時候，眼中的對手只有同業，最終都被外來的破壞者給打敗。

換句話說，如果沒有隨著市場及科技的變化，不斷地定義出正確的競爭對手，再成功的品牌也會等著被取代。

類似的例子太多了，比如說康師傅泡麵的眞正對手並不是統一麵，而是統一超商。以前許多人想吃宵夜的時候，會選擇吃方便又便宜的泡麵來果腹。但自從24小時營業的便利商店推出了微波食品和生鮮卽食商品之後，宵夜的選擇變多了，泡麵又因爲有不健康的印象而從此逐漸被取代。

零售通路市場也是一樣，在臺灣，家樂福和大潤發兩大量販業者長期相互廝殺，然而競爭的終局是被另一種零售型態的競爭者給分別收購。超商龍頭統一集團吃下了家樂福，而超市霸主全聯則是拿下了大潤發，量販的戰場就此轉移，重啟一種整合集團資源之後的全新競爭模式。

而在中國大陸，擊敗大潤發的也不是家樂福，而是輸給了線上購物的淘寶，最終被阿里巴巴集團給收購。實體零售通路被電商收購的案例，雖然還沒有發生在臺灣，但富邦媒體科技公司的momo購物網，一開始也是設有實體店舖，現在也全數收掉只專攻網購，目前總體營收不只是臺灣第一大電商公司，距離兩大實體零售巨頭也已經不再像過去那麼遙不可及。

隨著網路及新科技的興起，現在很多產業所面對的敵人，都不再來自於傳統認知的戰場，而是看似不相關的隔壁老王。

棒球也是一樣，我們不需要和其他球隊搶球迷，同時也不要怕樂天會來搶味全龍的球迷，反而是要和其他球隊聯手一起往外去攻占更廣大的消費市場。像是過去因爲害怕球隊彼此競爭而造成兩敗俱傷，所以在賽程的安排上，地理距離太過接近的兩個主場，主隊就不會安排在同一個時間出賽。這樣的規則乍聽之下很合理，但若是從合作的角度來看，棒球產業其實不應該把經營的重心放在調和內部的競爭而已，而是要各隊齊力和其他娛樂產業爭搶市場大餅。從這個角度來看，只要能夠在不同地點的同一時間提供比賽給消費者選擇，就應該這麼做，而不是彼此錯開，造成其他娛樂選擇可以趁虛切入的空檔。

我曾和許多美國矽谷當地的資深創投家聊過這樣的理念，出於好奇，所以我問了他們一個問題：「舊金山巨人隊最該擔心的競爭對手是誰？」他們的答案不約而同，既不是隔了一座橋的奧克蘭運動家，也不是籃球NBA的金州勇士，或是美式足球NFL的舊金山49人，而是電影院。這些資深的創投家都是土生土長的美國人，他們雖然是棒球迷，但並不是任何職業球隊的經營者，而在他們善於透過分析找到市場發展機會的思維之中，他們的想法和我一樣，認爲職業球隊最可怕的競爭者是來自於外部的破壞者。

我自己最近就看到了一個潛在的破壞者：Topgolf高爾夫球館是一個全球擁有超過70間分店的跨國運動娛樂品牌，標榜著每一個人都可以來這裡玩耍，但不一定要玩高爾夫球。在矽谷當地我被朋友帶去Topgolf體驗過一次，當場就讓我覺得它充滿了無限的成長動能。雖然二十多年前他們在英國成立時，就已經開始把微晶片植入每一顆高爾夫球當中，藉此讓打高爾夫球的人可以追蹤自己打出去的球，但這項新創服務並沒有立刻大紅。後來他們開始擴大營業面積和服務項目，像是可供消費者舉辦個別活動的大型場地，提供更多式樣的餐點，除了高爾球練習場的傳統功能之外，也利用科技創造出全新的高爾夫遊戲，還提供了更多不只是高爾夫球的其他娛樂選擇。

現在，想打高爾夫的爸爸可以帶著一家人來這裡一起玩，爸爸在前面的球道打球，後面的沙發區和開放空間就可以讓家人和朋友們開趴。它就是一個建立於廣大綠地旁邊的三層樓俱樂部，每一層都有足夠數量的球道，讓人可以在平地揮桿，也可以居高臨下去打。而球道後面的娛樂設備一應俱全，開放給客人來自由使用，要做什麼都可以。這就是新型態的娛樂，誰都能玩，誰也都想玩。

就連打高爾夫也變成遊戲化，不再像傳統的高爾夫球練習場打出去就是要比誰打得遠，看誰打得直而已。在高爾夫球裡面植入感應器之後，可以由此發展出各種不同的新遊戲，球場上的每個地方都有感應器，看你打到哪裡能獲得最高分，也常常有人為了得到高分而故意想要打歪，打高爾夫球成了完全不同的娛樂體驗，這也讓Topgolf在矽谷一位難求。

傳統的棒球比賽是要消費者配合他的時間和玩法，相形之下，現在新型態的娛樂則是他來配合你的時間，並且提供多種不同的玩法。沒有彈性的娛樂選擇，就會有被取代的強烈風險。

臺灣現在也有和KTV結合的室內高爾夫娛樂，很多人在唱歌之餘也可以揮桿比賽。那就是利用大型投影螢幕和定位追蹤技術，消費者揮桿把真球打出去之後，從擊中投影幕開始模擬接下來的飛行距離和軌跡，但那畢竟是在室內的小空間進行。若以戶外的娛樂空間來看，臺灣新竹的大魯閣也發展得很好，已經有抓到市場的新脈動和趨勢。哪一天如果Topgolf這樣的運動娛樂品牌進軍臺灣，就有可能對棒球產業帶來另一波致命的衝擊。

職業棒球想要挺過新時代浪潮的挑戰，就必須重新定義自己的對手，提供其他娛樂選擇難以取代的優勢。這個創新的定義，就是要把棒球變成迪士尼。

畢竟年輕人可以玩的娛樂選擇太多，不會花太多時間在現場看棒球比賽，而逐漸轉往線上去看轉播。這也是世界各國棒球市場衰退的大趨勢，美日兩個棒球大國都面臨觀衆減少，年齡老化的危機。所以棒球娛樂必須做到O2O，也就是從線下活動（offline）轉往線上活動（online）。相較於看完一場比賽要花超個三小時，現在的年輕人在家打場日本職棒野球魂的電動比賽也就半小時。因此棒球的娛樂體驗必須加入線上化的元素，從虛擬化到未來的元宇宙已經是不可免的趨勢：今天的球員和啦啦隊員是實體的人，但以後的球員和啦啦隊員可能就是你在元宇宙裡認識的同伴，陪你一起玩球的人是球員，陪你一起聊天看球的女孩是啦啦隊員。做爲實體產業，不能不預先做好準備。

重新定義職棒的競爭優勢，球隊的戰場不是在運動產業，而是休閒娛樂產業。想要拉起產值，除了提前打造線上體驗的環境，同時也要在球場創造出更多線下的看球樂趣。爲了刺激運動消費的金額，就該要把球場主題樂園化。我之所以會把棒球產業比照迪士尼樂園產業的經營模式，就是因爲職棒隊和主題樂園一樣，是透過四大營收來支持運作：娛樂內容輸出、獨有知識產權、周邊紀念品以及入場門票。

當今臺灣職棒的娛樂內容輸出，已經和過去大不相同，熱烈的現場加油氣氛已經超過場上比賽的激烈對抗，成爲最吸引人前往球場看球的動機。球隊也試著打破球場的框架，納入烤肉和各種五花八門的娛樂主題活動，就是讓職棒的娛樂內容輸出不只是一場球賽而已。

因此當味全龍設計吉祥物的時候，我們也必須思考最適合職棒娛樂內容的代表形象。先前職棒元年開打的龍獅虎象，吉祥物造型都是可愛動物的親切路線，讓大小球迷容易親近，至於各隊的隊徽也多半是以可愛風格爲主；到了味全龍復出時，其他四隊的隊徽已加入了威猛陽剛的氣息。我們的考量點是不能走回頭路，但若是讓龍兇猛起來，就可能變成把小孩嚇哭的暴龍或是恐龍。領隊、球員和教練可能來來去去，但吉祥物卻是跟著球隊一起走下去的永續資產，於是在多次設計協調及討論之下，呈現出了一個溫和又堅強的「威弟」。人見人愛的威弟，很多人問我是不是我的弟弟，我說當然不是，但他確實是所有龍迷的弟弟，讓大家都想愛護他。這樣剛剛好的形象，很適合我們所設定的主題樂園化方向。

而球隊更擁有自己的明星IP（intellectual property，知識產權），球星和啦啦隊女孩就像是迪士尼樂園的米老鼠，透過周邊紀念品的設計及販售，無論是球星限定或是以啦啦隊員爲主題，明星IP不只可以轉化成龐大的收入，也能成爲球迷個人的收藏品，並與他們建立起不同而深厚的意義聯結，讓球隊可以用以打造獨特的粉絲經濟。另外，配合節慶造勢，也能創造出全新的棒球節日和活動主題，無論是互動、表演、遊行還是放煙火，都讓球場能夠創出如同樂園一般的娛樂效果。

在這樣的棒球樂園裡，除了球員、啦啦隊和吉祥物之外，味全龍也需要一位應援團長。當時我們一開放徵選，就有超過一千人來應徵。那時我們需要與衆不同的團長風格，而「勛雞」的履歷十分特別，他還附上了自己寫的音樂和應援舞步，就在大學的田徑場裡自拍。影片中的勛雞頂著烈日展現他的應援實力，他跳得好喘，但完全不肯停下來，我們馬上感受到他的誠意和感染力，讓人不選他都不行。後來勛雞入隊之後，果然在現場帶出了強大的應援氣勢，證明我沒看走眼。後來2023年經典賽中職一軍五隊的應援團到齊爲中華隊加油，勛雞也帶隊加入。我在選手村和他相遇，我們擁抱了一下，過去的種種盡在不言中。

由球迷、球員、啦啦隊、吉祥物和應援團長組成的主題樂園，我們一同創造了美好的情緒和共享的回憶。在這樣的球場裡，球迷買一張入場門票，他或她所期待的絕不是一場棒球比賽而已，而他或她最終得到的娛樂價値也已經超過棒球本身了。

【提問3】

創新是否只限於科技產業？

傳統產業是否很難創新，甚至是與創新無緣？

創新的定義3：從傳統產業變科技產業

從我的經驗來說，創新的定義並不受限於產業類別，而是在於改變的勇氣和堅持不斷創新的持續力。

雖然我個人的偏好是專注在新創事業的「從零到一」，但若是要讓爆紅的新創品牌能夠繼續紅下去，這就是「從一到一百」的過程當中，最困難也是最重要的命題，就是持續保持創新，繼續定義出下一步的可能性，才有可能把新創品牌的優勢延續下去。這就好像前面提到的55688和8825252，當「電話叫車」和「電話送餐」這兩項創新的服務，在取得了市場的優勢之後，接下來要保持不斷地創新，才有辦法不被取代。

而長久待在科技及新創產業的我，也曾經進入過傳統產業服務，當時也確實受到過這兩種不同產業文化之間的碰撞及衝擊。舉例來說，傳統的製造業，無論是食品或是服裝，最重視的是原料和產品的性價比，他們會把產品背後的成本一路拆解到最細，找出最能夠創造價格差異化的核心。但以軟體及技術爲主的科技產業，就無法如法炮製。像是臉書創辦人祖克伯（Mark Zuckerberg），當年他提出臉書的想法時，就無法把這項服務背後的性價比給分析出來。臉書能夠活下來的原因，還是因爲早期獲得了足夠的資金支持，能夠撐到商業模式成熟，眞正開始透過營運來獲利，而不再是單靠外部投資支撐。

在科技產業，我一貫的管理模式是抓大放小，領導者只需要抓緊大方向，接下來就可以交給工作團隊去全權執行。但我進入傳統產業時，發現主流的管理模式是大小都得抓，領導者得要鉅細靡遺地控管每一個細節。當下對我來說是一種文化的衝擊，但我認為這沒有對錯，確實是科技產業和傳統產業在產品特性上有所不同，許多科技產業是根據已知的資訊，在創造出前所未有的產品或服務，而有些傳統產業則是依照先前的經驗，持續生產品質穩定的產品。所以，多數的傳統產業管理者會認為緊盯細節，有助於減少出錯，提升產品的穩定性。但在科技產業的管理者卻會盡量放出空間，讓新的創意有可能發生。

其實，管理創新的「方法」，本身就是一種門派之別。在傳統產業稱霸的年代，各大品牌都是傳統的名門正派。所有進少林武當的門徒，就是從挑水劈柴做起，一層一層往上爬，這是入門的階段與分層，目的就是要練基本功，也就是大公司的層級和新人訓練的過程。而且大公司從訓練到工作，都把方法論集結成冊，這就是武功秘笈。大品牌有自己的門派，自己的絕招，也有訓練新人的方法，讓新人照著秘笈心法，一步一步來。「方法」沒有絕對的高下，各大門派各有所長。而武林就是市場，哪一門派想當武林盟主，就看誰練的功夫深，武功高。

但在新創產業，沒有武功秘笈可以照著練、照著打，因爲大家都很新，全都是在摸索和創新，所以沒有傳統的名門正派。也因此在互聯網時代，武林爭霸開始會由天下第一大幫會的丐幫勝出。丐幫的幫衆常常都是一貧如洗，沒有背景，沒有加入任何門派的人，他們直接走闖江湖，赤手空拳打出新的天下。沒有武器，沒有資源，但因爲人數衆多，讓他們成爲天下第一大派。

我是深信創新大多會來自天下第一大派丐幫，而不是傳統的大門派，因爲傳統的名門正派之中，你有這麼多師兄師姐，師公師叔，組織內部的重重節制，這樣你要怎麼創新？我在很多的演講裡都這麼說，丐幫很棒，因爲他們無招勝有招。

當然，丐幫之中總會有些人，開始成立了自己的山頭，組織愈做愈大，也開始需要層層節制了。如果在成長的過程中，不能保持丐幫的「無招勝有招」的創新初衷，那麼很快地，這個山頭就會沒落，就像很多新創在紅了幾年之後就不行了。

舉例來說，像是新創品牌WeWork當年是打著「共享經濟」的旗號在美國起家，新創的初衷是要幫助大家，形成一個新創的互助社區，但到了後來卻是在做房地產的生意，忘記了一開始的目的。原本的理想國是在這個社區裡，你賣蔥、我賣肉，然後我們交換一下，彼此互助，創造綜效。但當這個外商品牌來到異國的臺灣之後，他們就變成了一個二房東，既沒有社區的責任，也沒有社會的義務。提供的辦公室都是A級商辦，進去的也都不是新創產業，而是外國公司的小據點。完全不像我們在地品牌可喜空間，入駐的品牌之間有交流，有活動，有互相協助。

其實就算是科技產業，在創新之路上也有所分別。像是互聯網和IT產業，就是兩種完全不同的概念，他們的創新程度也有很大的差別。矽谷當年是靠著IT產業起家，就像新竹科學園區一樣，但現在互聯網公司才是矽谷的動力核心，而不再是那些半導體製造公司。互聯網公司像是Uber和Twitter都是在舊金山市區，而IT公司像是Intel則是在聖荷西，在地理位置上一北一南，就像臺北和新竹科技走廊的地理分布，連機場（舊金山機場與桃園國際機場）的相對位置，都一模一樣。

就因爲科技產業自己也有創新程度的差異，所以不能一概而論的認爲只要是科技產業就是以創新爲主力，同樣地，也不能認爲傳統產業不能夠創新，或是沒有創新的可能。就像是我舉出味全龍的例子，我們的工作團隊根據已知的加盟辦法，在定義的過程中就可以修正及創新，在執行工作的過程當中也可以找出創新，像是我們那時舉辦的見面會、小龍女選拔和國際交流賽，在落實細節的過程中，永遠都可以有創新。

我們也可以把科技產業的創新導入到傳統產業。就像當時味全龍與GoSky合作，在社群上進行客戶關係管理（Social CRM）。當運動產業沒有龐大的IT專屬團隊，本身不甚了解技術，但又需要做社群行銷的時候，GoSky團隊去做一個「非應用程式」（Non-

App）的互動界面，基本上就是以網頁和通訊聊天軟體爲基礎，所以球迷可以很容易地在一個網頁直接加入一個球隊的會員，而不需要去下載App，而球隊也可以透過會員的粉絲頁去推播（push）訊息給所有訂閱的粉絲。

現在這個時代，在通訊軟體上可以做很多事情，無論是和球迷互動，投票，或是傳送QR Code給你買門票，這樣隨叫隨用的軟體服務模式（SaaS, software as a service）就是現在的主流。傳統的軟體，使用者想要使用之前得先安裝在自己的電腦或是手機裡，但現在很多軟體都是讓使用者透過網路直接使用，不必再安裝。使用者只要同意，或是租用就可以透過網路來使用，SaaS的模式就是透過雲端及網路去完成軟體的使用，而後互聯網時代，都是以Non-App「非應用程式」的方式呈現。

味全龍就是第一支採用GoSky的職棒球隊，使用互動性的訊息和球迷經營，這就是我們工作團隊從科技產業導入傳統產業的創新。不只讓味全龍做出創新，也幫助GoSky這樣的新創品牌在創業初期就能做出味全龍這樣一個有名的案例，讓創新也有了利他、互助和雙贏的定義。

Password
6. 給我執行力，別扯別的

內容摘要：用互聯網的試錯思維，改造傳統管理定律，創造出快速的執行力

【提問】

今天老闆向你詢問手上專案的進度，而你目前是屬於落後的狀況，這時的你會怎麼回答？

是要說明爲什麼沒有跟上進度？還是直陳目前正在進行的狀況？

提升執行力的第一步：別扯別的，直攻重點

如果我是你的老闆，我會希望你不要扯別的，直接告訴我現在的狀況就好。即使沒有達成預期的進度，但只要你說明已經做了什麼事情，我就能快速接收到有用的訊息，開始著手準備下一步。單單是做到這一點，專案的實際狀況就已經比我們溝通之前的情況有所推進，而這，就是給我執行力的起點。

然而，在現實的職場裡，我所遇到的情況經常都不是如此，尤其是和新進的員工合作，他／她們會沿用過往的溝通習慣，總是不直接告訴我目前進行的情形，而是說了許多不必要的訊息。他們也經常會把這些訊息重新包裝，讓實際的溝通更加地困難。

最常見的不必要回應，就是「防禦性的解釋」。當CEO向部屬詢問「目前做到哪裡了？」如果進度不如預期，這時很多人都不會直接回答問題，而是開始找理由：「因爲上週自己請了假，然後還有別的事在忙，加上這個東西很複雜，所以目前如何如何。」

他們不自覺地從「說明模式」跳到「辯解模式」：也就是不說明「事情」的狀況，而是在解釋「自己」的苦衷。很多人還常常因爲這樣而愈說愈委屈，甚至暗生怨恨之情。即使CEO是想了解事情的進度，既沒有究責，也沒有催促，但部屬常常會跳過最重要的訊息，直接進入「爲什麼」的防禦性解釋。

除了防禦性解釋之外，也有些人會反客爲主，轉守爲攻地編織出主動攻擊的藉口，我稱之爲「正義魔人的宣言」。披上正義魔人盔甲的部屬，總是把「爲了公司好」當做發語詞，如果上次你交辦了一件事情，下次你問他目前的進度如何，這樣的部屬會告訴你：

「爲了公司好，所以這個案子我又找了一個新方向。」

這個發語詞既是他的擋箭牌，也是他攻擊的號角，就是這樣「寓攻於守」的一句話，就展開了他「正義魔人的宣言」，他沒有照上次你交辦的方向去做，所以最新的進度就是他找出了一個可以讓公司更好的新方向。

如果你接著問他爲何不去執行先前所交辦的方向，他也會振振有詞地反擊說：「爲了公司好，我才又花時間去探索這個案子的其他可能性。」我一開始會願意相信這樣的部屬想要藉此來表達出自己對公司的忠誠、熱情和企圖心，但我若是接著追問：「那這個新方向去做了嗎？其他可能性有試過了嗎？」通常得到的答案都是否定的。

我們前一次開會才花了時間溝通出了執行方向，這一次開會又說要和我討論新的可能，所以我們要等到下一次會議才有可能知道新方向的執行結果如何。也就是說，同一個案子多花了兩次開會的時間來討論之後，還是不知道實際執行出來會有什麼狀況。由此來看，這樣的溝通是很沒有效率的。

「正義魔人的宣言」常常只是拖延的漂亮藉口，如果部屬眞的有心要嘗試新方向，他應該要先照著上次的共識去執行，在發現此案不行之後，再立刻研擬出新方向的備案，並且主動要求與我開會。帶著前案實際執行之後的結果，和新擬出的備案方向，透過兩案併陳的說明，來訂出接下來的行動方案，這才是有執行力的溝通方式。

做爲領導者，管理公司的事務是分秒必爭，每天的數據報告、簽呈表單，可說是應接不暇。在幾無喘息機會的狀況下，領導者其實很害怕在忙得不可開交的時候還聽到

「廢話」。最糟的是，這些還是經過包裝之後的廢話。說廢話的人振振有詞，沒有意識到自己在浪費他人的時間，也不會認知到他們所說的話對於決策毫無幫助，長此以往，不停地找藉口自我保護的結果，自己的執行能力也沒辦法成長。

職場上到處充斥著這樣會拖垮執行力的溝通習慣，不見得只出現在上司與部屬之間，即使平輩也是如此。像是「沒必要的確認」，就是常常出現在同事和朋友之間。像我自己每天行程滿檔，如果有人問我「下週是否有空見面？」我會在看了行事曆後給出明確的回答：「我週二下午有空」。

聽了我的答案，接著對方繼續追問：「週三不行嗎？」「那週四下午呢？」

從有效溝通的邏輯上來說，我是先確認了週二下午有空，所以才會這麼說。我相信每一個人都有自己的行程，如果對方很忙，他大可以先把下週自己希望見面的時間列出來給我選，或者直接詢問一個更遠的時間區間，而不是先給了我一道「塡充題」，等我作答了之後，又馬上改成「選擇題」。原本需要一次往返就能完成的溝通，卻變成了來來回回的確認，不只沒有必要，也浪費了彼此的時間。

另外，我們也很常會聽見「無意義的眞理」，而我自己以前在當別人屬下的時候也曾經犯過這樣的錯誤。像是我向上司彙報最近的銷售數字時，就曾說出這樣的內容：

「上週因爲感恩節效應，所以北美市場的銷售上升；本週感恩節已過，所以產品銷售數據普遍下降。」

雖然我所陳述的內容都沒錯，感恩節各項商品的銷售會上升更是「眞理」，但對於我的上司來說，那全是對決策毫無幫助的假資訊。因爲我所提出來的數據既沒有跨年度的同比，也沒有跨不同種類節日的環比，也沒有解釋爲什麼過了感恩節，產品銷售量就撐不住。那時的我，在說明銷售數字出現起伏的原因時，不知不覺地把問題全推給了市場的外部因素，而沒有往內去探究公司本身的狀況，當然也就不會據以提出任何階段性目標或做法，可以用來驅動非節日的買氣。

這樣的溝通內容，並沒有提出解決問題的辦法，只是把公司銷售的短期成長，歸因給不可控制的環境，然後再把銷售的突然衰退，推責給市場的變化。原本會議之中的溝通重點，就該是著眼於說明自身的狀況，接下來才有可能找出可以用來執行的解決方案，而不是拿看似眞理的歪理來搪塞，這樣的會議內容不只浪費所有人的時間，也不會產出更好的結果。

從「防禦性的解釋」、「正義魔人的宣言」、「沒必要的確認」再到「無意義的眞理」，這四種不具溝通效力的溝通習慣和內容，正是讓一個團隊的執行力無法提升的主因。無論是團隊的領導者還是團隊中的每一個成員，都應該自我檢查日常工作的過程之中，是否潛藏著這四種無效率的溝通病毒。尤其是帶領團隊的主管，不只要自律，更要協助成員及時清除這些降低團隊運作及溝通效能的風險，這也就是提升團隊執行力的第一步。

【提問2】

如果你是一個帶隊的跑者，你該選擇的速度是什麼？

是全力加速跑在最前面，讓後面的隊伍拚了死命跟上你的步伐？

還是應該跑在最後一個押陣，來督促落後者不要放棄前進？

或是小步快跑地貫穿在整個團隊的前中後段呢？

提升執行力的第二步：小步快跑的速度與準度

團隊作戰不是個人賽跑，就算我跑得再快，結果把團隊都甩在後頭，這樣一個人衝過終點線也沒有意義。若是我只在前頭一路領跑，團隊之中的快慢差距會愈拉愈大，最終彼此脫節；但若我一直殿後，久而久之也很難再進一步地推升整支隊伍的速度。所以，我一直都像是一隻牧羊犬，小步快跑地在前進的羊群之間不斷前後穿梭，讓隊伍能夠逐步提速。

我領隊，最重視的就是執行力。要達成執行力，必須要拉高速度，提升準度，這樣才能有足夠的力度。我要我的團隊保持快速反應的機動性，有了這樣的速度，推動事情就是像有了重力加速度一樣，更爲有力。當團隊的步調快起來了之後，就會產出所需的動能。

而這樣的力量，還要準確地貫注在目標之上，才能發揮精準的打擊力。單單只是快卻不準，就像弓箭手枝枝連發，在十秒鐘之內讓三枝箭迅速離弓，結果每沒有一枝命中靶心一樣無效。完成工作的準度必須提升，團隊在提升效能（be effective）的同時也才能提升效率（be efficient）。

從過去資訊管理背景所訓練出來的思維模式，我在腦中和現實中運行一項專案時，就是透過速度和準度，把團隊的執行力發揮到最大值：要走最少的路徑，達成最大的效果。

從溝通的角度來說，重點就是讓團隊成員不再使用上述四種不具溝通效力的錯誤模式，改掉那些無效率的溝通習慣之後，溝通品質改善了，團隊完成事情的速度和準度也就會跟著提升。在網路及科技產業，用小步快跑來提升團隊工作的速度和準度，這是我一貫的帶隊方式，後來也應用在不同業態的管理工作上。

就以職棒產業爲例子，在2019年3月初，魏應充董事長正式和當時的中職吳志揚會長見面，到了3月底確定要以「味全龍」爲名回歸中職。我是在那年二月分就開始加入味全龍團隊工作，到4月17日頂新集團正式對外公布由我接下復隊後的首任領隊之後，我們在4月29日向聯盟提出加盟企劃書，5月中旬在中職常務理事會之中審查通過。6月召開記者會宣告正式加盟，8月味全龍就在斗六棒球場正式開訓，首日就有兩千人到場，接著在11月進行中職史上第一次新球團擴編選秀。這一路都是以全速前進，每一項流程和要求都精準完成，若是工作團隊沒有足夠的執行力，眞的什麼都不用談了。

在確定要復隊重返中職之後，聯盟規章上所列出的要件，從加盟金、五年經營保證金、地方棒球振興基金、地方公開支持聲明、聯名簽署，以及包括主場、農場和球場的新球隊經營企劃、到招募教練團及球員、建立專屬春訓基地球場，這些建隊所需的基礎建設，味全龍隊是在四個月內完成。

那時加盟辦法正式公布還不滿兩年，而味全龍就是第一支適用此辦法的加盟球隊，當我們根據辦法逐條去執行的時候，就會發現有許多細節需要進一步的確認。我們的團隊和中職密切合作，在經過溝通及討論之後，把所有的條件釐清。

我們「從零到一」的過程，是不到半年要完成建軍，兩年後要上一軍，像這樣從無到有地建立一支職棒球隊，在此之前沒有類似的案例。這不像是三十年前中職草創時期，一支球隊有二十多位球員加上教練就行了，現在是要符合三場理論（主場／農場／

球場）的經營模式，光是球員就六十人，加上二十到三十位的教練團，二十多人的啦啦隊，加上制服組及商品人員，一支符合現代標準規格的職棒球隊，本身就是一個將近兩百人的中型企業。

從一般企業的角度來看，從無到兩百人的規模要走好幾年，球隊卻要在半年內迅速拉升到這樣的規格，而且因爲它是棒球，在廣大球迷的期待之下還得被壓縮，必須在很短的時間內完成，如果是以這樣的速度和高壓來看，這種從零到一的建隊經驗，我們雖然稱不上「唯一」，但絕對是「第一」。我自己也是第一次在這樣的情況下，帶領著團隊把球隊給建立起來。

做爲職棒領隊，我必須要協調兩組人馬之間的合作，第一組人馬是直屬於領隊，也就是我的經營團隊，包括營運、公關、行銷、票務及數據分析組。而第二組人馬則是直屬於總教練，包括教練團、球員及防護員。職棒領隊不必所有事都自己來，有一支專業的團隊協助我來執行所有工作，但也因此我必須更有效率地「以隊帶隊」，以我直屬的經營團隊，去協調連動總教練所領軍的球隊。

若是溝通的過程不夠快速或是不夠精準，工作就無法有效地執行。而我在味全龍擔任領隊時，除了對內有我自己所屬的經營團隊和總教練帶領的球隊之外，我的上面還有董事長，對外也有中職會長和秘書長的聯盟制服組，平行單位還有中職其他球隊，這些不同的溝通必須一樣保持效率，才有可能轉化爲強大的執行力。

從2019年2月分與魏董商談，直到2021年2月分離開龍來球場公司董事一職，這兩年的時間，我協助味全龍建軍並準備復隊加盟之後的第一個一軍賽季，過程之中一步也沒錯過。我把過往在互聯網業界做CEO所養成的溝通習慣帶入團隊之中，讓團隊成員展現出足夠的速度和準度，才能把整體的執行力給徹底發揮出來。

【提問3】

如果眞的沒有時間，兩者只能取其一的話，我究竟該犧牲速度，還是準度？

提升執行力的第三步：導入互聯網的「試錯」思維

即使時間不夠，團隊執行工作時的速度和準度我仍是一樣都不想犧牲，但此時我會做出相對應的調整，就是扭轉團隊成員的思考模式：從過去傳統產業所堅持的「試對」邏輯，重新導入互聯網產業所使用的「試錯」思維。

所謂「試對」，就是公司的商品得要經過長期的調查、企劃及測試，反覆確認一切百分之百正確無誤之後才對外發布。至於「試錯」，則是加速了前期的企劃流程，只要有一定的把握就出手，一旦發現有錯誤就立即做出修正，並且不斷地循環此一過程，直到優化完成。

不只是傳統產業，即使是在新興科技產業，「試對」也一直是主流邏輯。像我年輕的時候在大公司做筆記型電腦的產品經理，那時的工作重點就是「不能出錯」。畢竟一個地方做錯了，那就代表產品要回收，產線要重設，即使這些流程可以從頭再來一遍，但是商譽受損之後就很難修復。這些都是巨大的成本和壓力，讓大公司的產品製程成爲一個不可逆的流程。

因此我能選擇的電源、元件、主機板、處理器和作業系統都很有限，所有的採購清單都是固定的。原因就是這些供應商和他們的產品都經過了多次的測試，確認過他們的品質穩定，彼此也相容無間。

「試對」的好處是員工照章辦事，不容易出錯，但壞處就是大家變不出太多的花樣，每一家公司都是在明確的架構之下去選擇零組件，員工要做的事情就是正確地完成組裝。在這些大型的企業裡，因爲有標準作業流程SOP，既不給你犯錯的空間，也同時不給你嘗試的可能。

除了硬體的製造業之外，軟體業先前也一直是以「試對」爲主要目標在進行工作。以前的軟體是一盒一盒放在貨架上販售，不管是專業軟體還是遊戲，當軟體商要更新一個版本時，不只光碟要重燒，盒子也要重印，舊貨還得從通路退貨了之後再重新上架，無論是時間、人力還是金錢成本的花費都很大。若是這個版本出了問題，就得面臨巨大的損失，所以軟體廠商在發布新品之前必須反覆測試，確認無虞之後才會公開。

然而，到了後來的互聯網App時代，既沒有光碟也沒有通路，軟體廠商不再有這些實體的問題要處理，想要更新，透過雲端就能夠快速完成，因此，「試錯」的經營思維就開始興起。即使是發布新品，事先也不需要經過鉅細靡遺的測試，只要大致無誤就能逕行發布，之後再視消費者的使用反饋來進行機動性的調整及更新。

我的第一份工作是在埃森哲顧問公司（Accenture），我還記得公司有一個V型模式，在模式的左側是需求，大小從粗到細不斷地展開，而右側就是不斷地用測試去看左邊的需求是否完成。每一個的測試展開，都要經過很多的步驟，還需要很大的測試團隊。但現在的軟體業已經不再有這麼多的測試流程和人力，因爲他們可以小範圍地進行測試，後續也有很大的空間去修正，這都讓「試錯」成爲可能。像是臉書的界面設計，常常是每幾天就來嘗試一下新配置，一旦發現成果不如預期，把它改回來就是了。雖然用戶可能會因此而有所批評，但廠商這一端可以很快速的調整，既不會付出鉅額的實體支出，也能夠測試出最令消費者滿意的作法。

以前的「試對」，就是要詳細規畫及測試完畢了之後才能去做，現在的「試錯」，則是一邊做一邊改。就像是我在先前第五章之中說過的，各大門派就是照著他們的武功秘笈一步一步地練招和出招，而新創企業就像是沒有固定章法的丐幫，從地上拿起了樹枝就打，先打再說，反正邊打邊學，就從實戰中獲得經驗，然後下一戰會打得更好，然後愈打愈強。

一旦企業採用「試錯」的思維，那就是「邊想邊做」（planning while you are doing），這時，企劃就不再成爲延後執行的藉口，因爲企業可以做了再說，做了一步之後就隨之調整，然後據以規劃下一步。

像我做天使投資，對於新創企業的評估，也是只要有四成把握就會出手，而不會堅持一定要到八成以上或是百分之百的確定，那是要做創投的時候才會有更高標準的要求。因爲我做天使投資的評估時，看的重點是創業者本身，只要我覺得這個人是對的，即使他所提出了的新創點子是錯的也不要緊。我投資的是這個「人」，而不是這件「事」，只要「人」是對的，一旦他發現自己的新創點子是錯的，不用我來說，他自己就會主動修正回來。

這就是爲什麼「試錯」在互聯網及新創產業裡會蔚爲主流的原因，就是它的「容錯空間」帶來了更多成功的可能性。每一個「從零到一」的新創過程，即使創辦人的創業提案做得再好，後來還是有很大的修正空間，而再大的公司都曾經重新調整過他原來的創業概念，像是亞馬遜一開始是賣書，接著是雜貨，後來是做雲端，他們都是經過不斷地「試錯」，一路愈做愈大。

許多人會說，各種產業的條件和特性不同，並不是每一個產業都能夠全面導入「試錯」的思維。確實，有些產業天生就很適合「試錯」，而有些產業只能使用「試對」的模式。重點在於針對所在的產業類型，找出企業本身的切入點來創造提升執行力的契機。

舉例來說，網路電商要發出折價券就是五分鐘，馬上通用全球，這讓他們想要「試錯」的成本極低，而且立刻就能測試出這項折價活動的效果究竟如何。反觀傳統零售業者，想要打一波促銷活動就必須更改貨架上的標價牌，看似不適用「試錯」的執行思維，但現在店頭開始出現「電子LED標價牌」，如果日後普及的話，傳統零售通路一樣能夠像電商那樣做到中央一鍵變價，從而創造出了「試錯」思維可以切入傳統產業的契機。

這就好像以前的麥當勞，若要從早餐菜單換成正常時段菜單，一開始就是人力手動換燈片，後來開始使用自動化的轉動燈箱，現在則是使用LED螢幕直接連線，就連傳統產業也互聯網化，這也讓「試錯」有了更大的空間。

臺灣也有類似的例子，像是大苑子，他們把賣飲料的零售店改變成為展演品牌的形象空間，而像是Mia C'bon超市，也在入口到收銀臺之間的動線創造出不同主題的商品擺設，今天陳列的是黃澄澄的橘子，明天可能就是紅通通的蘋果，每隔一段短時間就變換主題，其目的不見得是要你買這些水果，而是要讓消費者入店之後的感覺有所不同。如果消費者不喜歡這個主題，立刻改變就行了，這樣不需要花錢更新資訊設備，也一樣可以創造出傳統零售業嘗試新可能性的試錯空間。

以前的「試對」觀念，都是規劃和測試完了之後再執行。經過了測試，事先知道了對錯，才去選擇怎麼執行；現在的「試錯」想法，卻常常是先執行出來，才知道對錯，接下來才知道該怎麼改正。不再是你告訴我該怎麼做，而是我自己去從做的過程之中發現下一步該怎麼規劃。

我要工作團隊視情況盡可能地去採用「試錯」的思維，因為這是一個充滿了執行力的模式：快速試錯，快速調整，不文過飾非，不害怕認錯。這並不是說企劃變得不再重要，而是時間太短，加上沒有前人累積下來的方法和knowhow，所以我們只能從錯中學，在做中找。

更進一步說，想要導入「試錯」的思維，工作團隊在企劃時就必須大幅調整，企劃的定位也會有所改變，從角色、功能、順序到地位，都和「試對」的邏輯不同。企劃的過程必須縮短，因為現在需求變化快速，而且資訊發達，已經有很多案例可以參考，也有很多的模板可以使用，從國內到國外都累積了很多執行過的案例，可以從中再改進。因此，從你要去企劃一件事，到執行過後發現不行，整個時間可能不到一個星期就完成了。現在企劃的重點，已經不再是要你去寫五十頁的簡報，而是要你去共同工作軟體裡去收集意見，群策群力，如果有錯，就直接回來改正，並且發布週知。

在我從互聯網產業進入職棒產業時，我也一樣嘗試導入這樣的「試錯」思維和企劃流程。因爲當時我發現到，在啟動復隊程序的時期，我做爲味全龍領隊的職務核心，和其他球隊的領隊有著非常大的不同，這讓我必須用不同於其他領隊的方式來提升我們工作團隊的執行力。

即使是同一支球隊，在不同時期的任務重心也會有差異，比如說球隊正處於連霸的黃金高峰期，或是陷入戰力編成的重建時期，領隊要完成的中短期目標就不一樣。而味全龍在復隊時期的待辦事項和球隊目標，確實和後來正式在一軍出賽之後大異其趣。這也可能是空前絕後的特殊情況，畢竟一支球隊要在復活之後重新加入一個聯盟，這樣的案例在各國職業棒球體系之中鮮少出現。

可能有人會認爲，中職的第六隊臺鋼是以全新球隊之姿加盟中職，要比當年第五隊味全龍的復活難度更高。畢竟味全龍有過往的基礎，無論隊名、形象、資深球員、行政人員和老球迷都是可以運用的資源。相比臺鋼卻是什麼也沒有，也因此臺鋼被視爲26年來第一支全新籌組的中職球隊，上一支加入中職的全新球隊已經是1997年的和信鯨。

確實，在和信鯨之後，中職的新面孔要不是從臺灣大聯盟併入並改名的球隊，像是第一金鋼和誠泰COBRAS，就是既有球隊不斷轉手更名，從中信兄弟、富邦悍將到樂天桃猿都是如此。味全龍在1978年創隊，還早於兄弟和統一，即使曾經在1999年解散，都到了2019年重新成軍，至今一直都是「味全龍」這個名字。

這樣歷史悠久的球隊，在「重新復隊」的特殊背景之下，可以說同時擁有特別的先天基礎和與眾不同的限制。先天的基礎是存在於上一個世代的記憶和感情裡，除了隊史紀錄之外，我們也確實擁有高人氣的老龍將，這些都可以做爲建隊的資本，藉此來吸引老球迷回籠，同時培養新世代的球迷。但除此之外，當味全龍在決定重返中職的那一刻，從制服組、教練團到球員，一切也是從頭來過。

更有甚者，味全龍還有著與眾不同的限制。新球隊就像是一張白紙，有著單純的可塑性；但味全龍有著過往的榮光和期待，就像是一張已經畫上了背景色和主色調的畫布，甚至已經被裱上了框。我們想要讓「龍魂不滅」，但新球隊的風貌該如何重現舊球迷的期待才算是「名副其實」？在種種既有框架的限制之下，這些差異和衝突，都是其他全新球隊或是轉手球隊不會有的。

這個特殊的情況，也正好用來試練我過往的專業經理人經驗及法則是否一樣管用。

過去網路電子商務或是新創產業，市場狀況變化快速，無論競爭者或是領導者都一樣沒有前例可循。衆家品牌步步爲營，比的就是應變的速度和紮實的基本功。過去的成功法則只能做基礎，不能直接套用。死腦筋就會讓團隊走進死路，但經驗若是不夠老練，一個無知的冒險決定也可能搞砸一切。

那時我們在寫加盟企劃書時就要指定主場，在沒有足夠的時間完成徹底的考察，我們必須採用「試錯」的速度和彈性，就現有的資源和可能性，選定了最佳的方案就動手下去做。用棒球的比喻來說，那是一種「打帶跑」的積極，雖然有一定的風險，畢竟不是等球打出去，確定過了牆還是落了地才開始啟動，跑者是在投手出手之後的第一時間就得跑，所以打者說什麼也要打到球，不然就無法達成戰術目標。當時的我們不是大廚在做菜，沒有辦法等全部的材料都備齊了才下鍋，只要認爲我們有了一定的把握就必須開始執行。

這就是互聯網的思維，所有企業想要在快速變化又充滿未知的環境中運作，就是「小步快跑」，不斷地「試錯」。只要是抓得到快起來的契機，就要大膽出手，所以我才能夠在二軍尚未開打前就建立了味全龍的商城、官網、LINE官方帳號、甚至是聊天機器人。不只內部的企劃流程如此，我們也引用外部資源來取得「試錯」思維帶來的速度和準度。

比如說現在臺灣風行的快時尚Life8，它的試錯週期已經從「季」變成「週」，我們可以選擇和這樣的企業合作，透過他們的「試錯」能力，來提升我們的執行力。當時味全龍的第一批紀念商品就是和Life8合作，因爲他們可以做到「收單立做無庫存」的要求，讓我們可以先做少量商品來測試網路聲量，看球迷的反應及後續需求的變化來做立卽的調整。Life8自己有工廠，從製造、送貨、退貨到客服都由他們處理，味全龍只要管理就好，所以我們的商品專區可以迅速上線，而且快速更新，完全不用自己揹庫存的壓力。畢竟一件衣服要賣多少錢，該要用什麼料，該符合消費者什麼樣的期待，這些都是成衣公司的專業範圍，相關細節都可以透過分工交給專責的合作夥伴全權處理。

這樣做的好處，就是提升我們自己團隊的執行力。舉例來說，如果球隊將要出現重要的球員紀錄，比如說生涯百勝或是百轟，選擇有「試錯」能力的合作廠商，馬上就有辦法趕上現況的需求。要是使用傳統的「試對」邏輯，等確定紀錄誕生了才去做紀念T恤，那就錯失了商機。如果先做好商品，結果球員這一季沒有完成紀錄，這些貨就壓得在倉庫，不是報廢，就是得等下一季。從收益來看，卽使因爲外包而造成毛利降低，但沒有庫存就是降低成本壓力。而從執行力的角度來看，因爲有了「試錯」的空間，所以大幅提升企劃執行的速度和準度。

除了透過外包來引入「試錯」思維之外，也可以從內部的營業創新來進行「試錯」。像我們當時想要推動球場無人商店和完全無紙化的門票銷售，就是最適合職棒球隊的切入點。

如果能夠嘗試在球場開設無人商店，卽使在沒有球賽的時候也能夠全天運營，而不再是等有比賽的時候才派人去設點擺攤。這樣萬一遇到天雨延賽，又會形成浪費的人力調度及支出。只要適當地改裝，導入自助結帳系統，並加裝感應器和安全監視器，就有許多已經發展成熟的商品可以在無人商店販售，像是球衣、周邊紀念商品、咖啡、柳丁汁、餐盒和生鮮速食等等。

雖然不是每一種商品都適合透過無人商店的方式販售，像是許多球迷偏好的臺式熱食料理，也不是每一個消費者都買單，像有些人還是喜歡有被人服務的感覺，但若有了無人商店，就會有開展出很多「試錯」的空間讓工作團隊去嘗試。

完全無紙化門票也是一樣，當時我們就希望把天母球場一樓的票亭全拆掉，改建的新竹球場也不要蓋售票口，然後把原先售票處的位置用來開設無人商店或是球隊形象空間。因爲這裡是球迷一到球場就會看到的地方，它是全場最醒目的展售空間，可以讓人一入場就能感受到這支球隊最先進的經營創新和最吸引人的形象商品。只是我的這些想法，後來受制於時空環境和人的因素，頗多未能實現。

當時的管理層覺得難以接受，一個售票看球的職棒球場怎麼可以沒有售票口。但是我有三個原因來支持我做出這樣的規劃。第一，訂位消費習慣已經非常普及，各行各業現在幾乎都有預訂系統，許多日常消費都已經習慣先訂好了再出門，從叫車、看電影、上餐廳到出門旅行都是如此。在臺北街頭很難伸手招到計程車，因爲多半都被事先預訂了；就算去電影院也不用現場買票，而是改爲線上訂票；很多餐廳更是不先訂位就沒有位子。

其次，職棒預售票的比例在北部已經出現反轉，雖然南部的球迷仍是臨時起意去看球的人居多，但北部的場次門票已經有超過七成的預購比例。換句話說，現場售票亭最多只能服務三成的消費者。我們應該順著趨勢提前完成準備，讓剩下三成的消費者也轉換到預訂市場。這就好像iPhone手機後來直接拿掉了耳機孔，雖然仍有一定比例的消費者使用有線耳機，但當藍牙耳機已經成爲主流，就該大膽推進使用習慣的更新速度，即使一時造成不便，也會有利於加速。在手機上取消耳機孔，所騰出來的硬體空間可以用來發展其他用途，就像球場拆掉的票亭之後可以挪來開設無人商店一樣，都有更多令人期待的可能性。

最後，說到iPhone，就會讓人想到蘋果透過Apple Store做爲大坪數展示空間的行銷策略，特斯拉也是一樣，花大錢裝修展場，但消費者若是要買的話就請自行上網訂購。這些一線品牌都要把最好的位置用來展示其形象和體驗其核心價值，而不只是用來販售商品。球隊也是一樣，要把重心放在現場經驗的營造而不是賣票。而且一旦門票無紙化之後，球迷必須透過手機掃碼進場，同樣可以藉此串聯到手機上其他功能，像是球隊社群、線上商店和無現金支付，從而創造出更多應用方式。

後來我在網家集團時期，欣見樂天桃猿與時任拍錢包總經理韓昆舉談成了合作，在球場全面推動行動支付。這個例子就說明了球場的商業企劃模式有著無窮的開發潛力，只要透過適當的溝通，不斷地嘗試及修正，就會有成功執行的可能。就像擔任領隊時期，我也與來自臺灣的區塊鏈技術平臺OurSong合作發行了張泰山的數位教練卡。只是這些當時還看不到的趨勢，就像現在虛擬貨幣或NFT開始和球隊合作一樣，都因爲沒有前例而讓人難以想像。

總之，無論是在傳統產業和還是新創產業，兩者之間的運作思維都是可以彼此交流，互蒙其利。面對變化如此快速的外在環境，若是想要有效提升工作團隊的執行力，就必須持續有效率的溝通，小步快跑地不斷試錯，好加快速度和改善準度，如此也能提高工作成功的機會。

Password 7. 執行長的難題，永遠是內部阻礙多於外部阻礙

內容摘要：因緣俱足，由我自己選老闆

【提問1】

我不喜歡「求職」這個字，尤其是「求」這個動詞，為什麼我做工作要去求別人？辛苦的人是我，付出勞力的也是我，只要有能力，我可以選擇去任何公司！我要自己選老闆，我想加入什麼公司就去應徵！難道這樣的想法不對嗎？

兩個選擇：老闆選我vs.我選老闆

我不能否定這樣的想法，也認同有這種想法的年輕人，因為這樣的年輕人不願屈就在他人之下，所以他們不會待在一家公司太久，甚至很快地就會出來自己創業。但若不是自己當老闆，想要工作的人就得經過求職這一關。在職場上，究竟是老闆選我，還是

我選老闆？

很多人的第一個反應會是老闆選我。畢竟「求職」這個字裡，就包含了一個「下對上」的祈使動詞，如果是人浮於事，勞力供給大於職場需求，選擇權自然就會落在老闆手上。然而，也有不少人認爲自己就算是剛出社會的新鮮人，同樣也有選擇老闆的權力。畢竟，一個職缺由誰來補，原本就是勞資雙方的相互選擇。卽使求職者常常都是被選擇的那一方，但也並不表示被選到的求職者最後一定會來上班，他們一樣保有選擇的權力。

這樣的選擇，原本就是一個起伏不定的天平，除了供需的市場差異之外，也隨著我們的職涯發展和位階高低而有所側重。想要自己選老闆，確實是需要條件和累積。

第一階段，無論是老闆選我還是我選老闆都不是重點，重要的是選公司。

第二階段，老闆選我成爲重點。我得讓老闆看見我，願意選我。

第三階段，我選老闆成爲重點，因爲我有衆家老闆想要的專才，而我得要開始愼選，注意警示燈號。

一開始工作的時候，我並不知道自己有權力選擇老闆。對我來說，我就是在選擇公司，至於會在這間公司裡和什麼樣的老闆相遇？本身就是一種緣分。

後來在工作上累積了更多的經驗之後，我開始轉職到不同的公司，尋求更有挑戰的任務，努力爭取更高的職位，一路走高到了執行長的位階。在這個過程之中，逐漸有更多的老闆認識我，所以當有適合的職缺出現時，也讓我有機會去向他們爭取，最後才選我進入他們的公司任職。至於他們爲什麼會選我？其實也是另一種緣分。

而今，我已開始懂得選擇老闆，我也必須學會如何選擇老闆，因爲我的機會更多了，主動對我提出邀約的老闆也變多了，勢必得要做出取捨。加上許多業界的前輩和朋友們分享給我的經驗，讓我更知道該如何慎選老闆，避開未來可能會遇到的內部阻礙。至於最後我選到了什麼老闆，則是第三種完全不同的緣分。

這三種緣分，隨著職涯的三個階段而出現。每一種緣分都有點不同，但它們都不會自然地發生，一樣都需要努力才能湊成緣分。在得到第一份工作之前所需要的努力，指的是學生時期的養成訓練和自我要求。在轉到下一個職位之前所需要的努力，就是先前工作的表現和職場人脈存摺的積累。而在我開始能夠選擇老闆之前的努力，則是這一路以來的認知升級和小步快跑的堅持。

【提問2】

常常聽到人家提醒職場新鮮人要慎選自己的第一家公司。

別開玩笑了！什麼經驗都沒有的我怎麼可能選公司？

我是一個菜鳥，應該是人家選我吧？

我選公司：完全未知的第一種緣分

在求職的第一階段，很多人一開始的重點不會放在老闆身上，而是在選擇哪一家公司最好。老闆雖然很重要，很多人也會認爲自己在選公司的時候也有在選老闆，但相對來說，公司才是重點。

如果你是初出社會的新鮮人，你可能會說：「我怎麼可能選公司？是人家選我吧！」這話只對了一半，因爲當你選擇了要把履歷投到哪些公司的時候，你就已經做出了初步的選擇。即使你只是海投，很多公司對你來說都只是碰個運氣而已，但你畢竟不是三百六十行的每一家企業都投了履歷，你仍是挑了那些條件相符或是你有興趣的公司。

確實，在你做出的這些初步選擇當中，有些你會比較喜歡，有些你覺得比較有可能會上，但另外那些你比較不喜歡的、或是你覺得沒什麼機會上的公司也一樣是你的選擇之一。不管你選了什麼樣的公司，除了薪水福利、工作內容和未來發展之外，「老闆是個什麼樣的人？」也可能會是你的考慮因素之一。

而所謂的老闆有兩種，一種是帶你的小主管，你直接向他報告，對他負責。有時候求職者會挑小主管，如果看起來很不好相處，即使被通知去上班也不會去。就算去上班，久了之後受不了小主管的作事風格也一樣會離職。但在面試的階段，你很難一眼就判斷出你的小主管是個什麼樣的人。

另一種則是大老闆，指的是這家公司的創辦人或是最高階的主管，他就代表這家公司，也擁有最大的權力。你可能會說，有些人選擇去鴻海上班，就是選擇了郭台銘這樣的老闆。一家公司的大老闆確實會影響一家公司的文化，大老闆也會影響到你日常的工作型態，話雖如此，對於初階和基層員工來說，很少會和大老闆直接共事相處，就算你說你當初是選了大老闆才進這家公司工作，事實上，你的心裡仍是在選公司，而大老闆只是這家公司的象徵而已。

唯一的例外出現在新創公司，有些職場新鮮人就是看中了創業者的潛力，所以願意加入小公司來一起努力。也因爲公司小，人數少，所以這些新鮮人是被創辦人直接面試，並且是被大老闆選進公司，後來這些基層員工也有機會和公司的創辦人一起並肩工作。用我之前的話來說，選擇加入新創小公司就是按下了人生的快轉鍵，讓你直接跳到下一個階段，可以讓大老闆來選你。

而在我生涯初期，當時的臺灣還沒有像現在這樣有許多新創小公司，我和許多人一樣選擇了進入外商做為職涯發展的起點。因為是選擇公司，所以我完全不知道自己會在公司裡遇到什麼樣的老闆，這樣的緣分，純粹就是命中注定。

而我運氣很好，遇上了很棒的緣分。

我在摩托羅拉（Motorola）工作時，由於當時MOTO手機是由明碁電通（BenQ）代工，所以認識了在明碁負責手機業務的主管林昭志（Eric）。一開始的我，只是一個上班族，做個MOTO的軟體工程師，不要說創業了，我連要怎麼做一個產品經理（PM）都沒概念，也從來沒有想過要做業務或是做行銷，等於是被Eric給打開了我的開關。

在那個時代，臺灣還沒有高鐵，就連iPhone都還沒有問世，林昭志就告訴我說，他認為這個世界有一天會從context aware改變成situation aware。比方說，當時光是不同的人打來就會有不同的來電鈴聲，這樣的手機就已經很稀奇了，但未來人類的手持裝置是當你有任何的會議和行程，它就會亮燈來提醒你。你坐火車，預定好的票會進入你的行事曆，而平常上班時間叫車去公司，你叫的車會依據你以往的習慣，預先知道你現在要去上班的地點。像這樣situation aware的運算邏輯與模式，而今已深植在每個人每天使用的智慧型手機裡，但在17年前，林昭志就已經看到了未來，甚至想好了要怎麼行銷。

後來我轉到明碁工作，林昭志就是我的小主管，那時BenQ要合併德國西門子

（Siemens）的手機部門，需要有外文能力和曾在國外有生活經驗的人，所以我被他帶去德國慕尼黑出差。在這一路上我跟在一旁，學著他的談吐甚至穿著，看他如何去和西門子打交道，也聽他說著一個臺灣品牌爲何要去合併一個德國品牌，做這樣的事情對於臺灣品牌的發展又有什麼意義？是林昭志把我提升到人生的第一個主管位置，而做爲一個行銷主管的我，究竟該怎麼思考全局，又該如何和國內外的客戶交流，這一切都是他一點一滴地教給我，林昭志就是我職涯上的第一個師父。

也因爲林昭志，所以我有機會和當時BenQ品牌行銷長王文燦與手機部門負責人陳盛穩近距離工作。那時，看著他們談著臺灣品牌的未來，我到現在都還記得他們閃閃發光的眼神。後來，BenQ和西門子合併失敗。許多人評論失敗的兩大原因，是BenQ想以小併大，加上臺德文化的不同，但先前日本新力（Sony）卻能成功地和瑞典易利信（Ericsson）合資成立新品牌。一樣是不同文化的跨國企業合作，臺灣卻失敗了，我不認爲文化是擺在第一的問題，重點還是兩方的口袋深度不同，無法撐過合作初期的磨合期。

即便合併案最終失敗了，但在過程之中，我從這些老闆身上學到的品牌心法和管理哲學，不只啟蒙了我的工作觀念，也對我此後的職涯發展產生了無法抹滅的正面影響。那是我從原始版的自己，第一次升級到2.0版。我三十歲的生日，是在慕尼黑的一家小酒館裡過的，王文燦和林昭志兩人幫我準備了一個小蛋糕吹蠟燭。而今的我已經不斷升級到8.0版本，但始終還是記得那第一次升級時的種種。

我在2008年離開明碁，後來2012年王文燦在副董事長任內因爲單車意外而不幸去世，想起林昭志和他，他們可以說是影響我期初職場生涯最深的人，也是我最感恩的貴人。

之後我進入戴爾電腦（Dell）待了一年多，那幾乎是我外商職涯的重點，因爲當時我茫茫四顧，總覺得自己在工作上運氣欠佳。那時候帶我的人是負責小筆電的林偉安，新加坡籍的他常常在我最沮喪的時候給我鼓勵，像我這樣一個不起眼的平凡上班族，在他眼中卻覺得以後我有機會做出一些不一樣的事。我記得我們常坐在北教大的籃球場邊上喝著手搖飲聊天，一輩子都在大公司上班的他，其實內心渴望著創業和創新，他把這樣的精神賦予給我，而他說過的話，到今天仍是我持續挑戰自我的動力。和這樣的老闆相遇，眞的是令我感謝又感動的美好緣分。

【提問3】

如果我有了一定的實力，接下來找工作就是由我來主導。誰說一定是老闆選我？如果我不喜歡這個老闆，我走人就是了。

這樣不就是我在選老闆嗎？

老闆選我：努力爭取得來的第二種緣分

工作了一段時間，累積了相當的經驗之後，就會進入職涯的第二個階段，你會轉職升遷，也會有人挖角你跳槽。到了這個階段，就開始是老闆選你了。

也許有人可能會說，怎麼是老闆選我呢？要是我有足夠的能力，現在這個階段應該就是由我自己來選老闆了！然而，我認為在職涯的第二階段，能夠握在自己手上的主導權仍是在選公司，只是這時你的選擇更精準了，而求職成功的機會也更高了。

你的就業選擇不見得變得更多，因為在累積了一定的年資和經歷之後，許多初階入門的工作已不再適合你，也不會再找你。但也因為你的認知提升了，你有能力去做更高層的工作，也更容易被其他人看見，尤其是在同行當中，許多大老闆都在尋找人才，這個時候的你，更有機會被企業的創辦人看見。

所以第二個階段的重點，就是累積足夠的經驗，做好準備，讓未來的老闆看見你，而當有適合的機會出現時，只要你努力去爭取，他就可能會選你。

像我自己也是一樣，當初之所以會加入味全龍，也是因為我有了足夠的經驗，在努力爭取之後，才被老闆給選中。

我一直都很熱愛棒球，在雪豹擔任總經理之後，我從2014年開始到2023年總共贊助了近十年的中華職棒。2014年贊助中信兄弟，還請來大我一屆的高中學姊劉真來開球，2015年到2017年連續三年贊助Lamigo，也都有我去開球的影片。2018年接任阿里巴巴總經理時，我也建議公司接地氣，和臺灣人搏感情，贊助了統一獅；TaxiGo則是與富邦悍將合作，並贊助了中職明星賽。2019年到2020年，跟我友好的新創品牌Firstory 以及可喜空間贊助了味全龍。2021年之後，我參與的PChome也贊助了中信兄弟。直到2023年的今天，跟我友好的各種不同區塊鏈事業也跟中信兄弟以及樂天桃猿分別發展出了合作的關係。這些贊助經驗，是我和棒球的一個緣分，而我一路累積了專業經理人和新創品牌的經驗，也是我對這片土地的熱愛與對運動行銷的執著。

我在擔任天貓海外臺灣總經理時，認識了魏應充董事長，魏董知道我很喜歡棒球，而我們在閒聊的時候，也偶爾會談到棒球的話題。後來我被邀請去擔任好食好事基金會的活動業師，在進出民生東路辦公室的期間，聽說了魏董有想要復隊的想法。我在這時主動表達了興趣，開始和魏董一起討論復隊的可能性。

那時，中信的辜仲諒董事長已經在棒球界投入了相當大的心力，不只接手職棒球隊，更進入中華棒協成爲理事長，除了擴大自身在棒球界的影響力，也促進了職棒和棒協的彼此合作及發展。辜董那時就決定要繼續往外打進國際棒壇，後來也在2022年時繼任彭誠浩前會長，成爲亞洲棒球總會會長，更成爲世界棒壘球聯盟（WBSC）的執行副會長。藉由他的努力，臺灣棒球在國際棒壇的實際運作上已經有了更進階的參與和聲量。

魏董、辜董和我三個人曾經有機會在一個私下聚會的場合，聊到味全龍是否要復隊的問題。辜董以他自身的棒球經驗給了魏董一些建議，他認爲企業支持職業球隊，無論是對於球迷、球界、企業本身乃至於企業家個人，都是一種絕對正面的付出。對味全龍隊而言，當年頂新集團的決定也是只要暫時解散球隊，若能實踐多年前要讓龍隊回來的承諾，將有助於甩開這些年在媒體上的負面能量。而我在其中則是敲了邊鼓，把這中間的利害得失簡要的分析了一遍給魏董聽。

於是當魏董決定讓龍隊復出時，他想到我，他希望能夠引進外部的專業經理人，而不是從他的家族之中選擇內部人馬，而且他相信我在阿里巴巴集團所歷練出來的能力。最有意思的是，魏董認爲我就是那個當初說服他重新投入職棒的人，他的意思是我既然推了他這一把，要讓味全龍復出，那不如就由我接下這項任務，繼續把球隊往前推進。魏董甚至邀請他的三位公子陪同，請我和我的家人們共同晚餐，請我應允這個需要東奔西跑、吃力不討好的職務。

而對我來說，接下味全龍領隊的職務，是我人生當中最有挑戰性的一次嘗試。它不只是實現我孩提時代的夢想，也是任務內容最爲複雜的一個工作。

在此之前，我不曾有過曝光度這麼高的工作經驗，職場上的一舉一動都被媒體追著跑，一言一行都被放大解讀。在加上味全龍復隊加盟隨時都有可能破局，只要任一方對於加盟條件的認知不合，若是談不攏，整個加盟案就會中止。當我銜命進去中職會議室跟正副祕書長協商的時候，都很害怕會後發布的新聞標題會是「談判破裂，味全龍暫停加盟」，所以，它也是我最驚心動魄的一次經驗。

如果難以達成共識，就會有破局的大危機。那時我們要根據加盟辦法提出企劃書，但我們提出的內容，聯盟也有可能不接受。在這樣的壓力之下，魏董以一句「開弓沒有回頭箭」，公開宣示了味全龍的加盟決心，也讓我和我的工作團隊吃下定心丸。

最終加盟過程順利完成，魏董在受訪時認爲此時味全龍的回歸是「因緣俱足」，而對我來說，我認爲自己能夠被老闆選爲領隊，不只是我努力爭取才能得來的一種緣分，也是我和老闆之間的一種緣分。這個過程，無論是對球隊還是對我來說，都印證了魏董所說的這句「因緣俱足」的圓滿結局。

【提問4】

人爲什麼一直要往高處爬？難道不能留在現狀就好嗎？

辛苦地爬上去之後呢？難道就此海闊天空了嗎？

我選老闆：我負全責的第三種緣分

人工作不是只爲了賺錢，很多人是追求自己的興趣和熱情而不斷前進，爲了夢想而繼續拚命，還有更多人是因爲做到資深之後得到的三種不同的成就感，就像是上癮了一樣，即使做到了高位還是讓他們停不下來。

第一是商業成就感，這是和自己的核心工作及表現直接相關的感受，你會因爲自己負責的業務不斷地成長而獲得巨大的成就感。如果你是業務員，一旦你個人的業績數字增加，對你都是一種強大的激勵。如果你是行銷主管，看到團隊爲公司經營社群網站的粉絲數不斷上升，你就會有巨大的滿足。如果你是產品經理，新品推出之後在市場上大獲好評，市占率直升，你也會肯定自己。而身爲執行長，看到公司的品牌在你一手主導的情況下一路茁壯，那樣的成就感會讓你不斷地往前進。

第二則是有管理成就感，所謂管理，就是一種經驗的傳遞，如何帶動所屬團隊裡的年輕人，讓他們開始了解該如何保持他們在職場上的人脈存摺。對我來說，我尤其會在乎這樣的事情，就像當年我的第一位師父林昭志怎麼教我，我就會希望照著一樣的善意循環教給新一代的職場新鮮人。所以我會在雪豹時期推動實習生計畫，讓更多的學生能進入互聯網產業，看著後起之秀們的職位和成就，隨著他們的認知升級而一步一步地提升，這樣的利他而獲得的成就感更是難以比擬。

第三就是被需要的成就感，當你知道上司需要你，公司需要你，團隊需要你，而你在這整個龐大的價值鏈裡仍是一個節點時，心裡就會得到一種被肯定的滿足。無論在職場上走到什麼樣的位置，人都是「需要被需要」，從基層員工到高層經理人，就是因爲知道有人需要自己的付出，所以才會覺得自己所做的一切很值得。

做爲執行長，同樣也是因爲這三大成就感而前進，在我身邊的這些高層經理人也都是如此。然而，周遭的故事聽得多了，就會發現走到高位的執行長依舊充滿挑戰，即使他們認爲自己已經愼選老闆，卻常常遇見意料之外的狀況，讓他們無法繼續在原來的崗位上創造商業、管理和被需要的成就感，因爲這些執行長和公司大老闆之間失去了當初的聯結，而無法在位置上發揮，既不能創造業績，也難以管理下屬，更不再覺得自己被需要。

第一種意外的劇本，是原本的形勢發生了變化。原本直接向集團創辦人報告的執行長，突然之間不再能夠和董事長或大老闆溝通。比如說內部政治情勢因爲股權結構的更動而一夕變天，老董事長失勢，新的派系上臺，就是最典型的例子。其他還有創辦人因病或因故無法視事，必須把經營治理的權力轉交出去，或是董事長因爲集團其他工作太忙，隨意將子公司派任給了家臣或是心腹，很多執行長從此無法再觸及層峰。而新任的掌權者並不清楚當初大老闆面試這位執行長時的狀況，兩人之間談了什麼協議，懷抱了什麼共同的理想要打拚，承諾了什麼樣的舞臺讓執行長去發揮，全數形成空談。

以上的這些狀況，並不是因爲這些執行長沒有慎選老闆，而是客觀的情勢不復當初，即使這些執行長再能幹也沒有用，因爲形格勢禁，一切已經時不我予。

第二種意外的劇本，則是大老闆採用了錯誤的管理思維。想像一下，一個大集團找來了一位新的執行長，但是正式履新之後才發現，公司裡居然已經有一個掌握實權的總經理，甚至還是一個掛名爲「共同執行長」的最高階經理人。原來是集團的創業老大想要引進不同的人事布局，認爲雙尊共治的多元架構能更有利於公司的發展，想要創造「內部競爭」，結果經常演變成「內部鬥爭」。

這樣的情況，那位執行長事前在和創業老大談條件的時候也難以得知，即使硬著頭皮試試看，這雙頭馬車的權力結構也難以發揮更好的效果，最終也只能黯然收場。像這樣的離奇劇本，在現實生活當中一樣有可能會發生，一旦執行長的實權被大老闆的管理思維給處處掣肘，執行長也難再發揮所長。

第三種意外的劇本，則是大老闆決定不再授權。在業界，大老闆不再授權給執行長的原因可說是千奇百怪，如果不是執行長本人的專業能力太差，通常都是因爲「彼此不合適」的各種可能因素，而導致執行長失勢或是走人。比如說，董事長請來了一個美麗的女性執行長，於是董事長夫人不開心了，就算執行長能力再強，最終還是被董事長夫人給攆走。

像這樣受到家族成員意見影響的大老闆所在多有，像是有些新任執行長的行事風格強悍，上任之後的治理績效一等一。即使董事長知道這樣的鐵血管理風格，能夠一掃企業裡積習已久的僚氣，對於企業的未來成長更有幫助，但若是家族成員看不過去，認爲自家文化溫文儒雅，不走霸氣強勢這一派，董事長也只能選擇放手。畢竟鐵血和刻薄只有一線之隔，若是家族成員不能認同，績效再好也只能請執行長走人。

執行長在帶領一家公司的過程中，對上必須取得大老闆的信任與授權，才能對下面的部屬及員工建立起領導統御的基礎。畢竟有人的地方就有衝突，員工裡總是會出現正義魔人，開口閉口都會說自己是爲了公司好，結果各成派系山頭，爭鬧不休。就像韓劇《金牌救援》裡面的領隊白團長，究竟是該交給總教練去解決教練團內部的紛爭？還是要由領隊介入處理？這就是執行長管理上的一大難處。想要調和鼎鼐，排除內部阻礙，還是需要大老闆的持續支持，不然沒有人會服氣。一旦失去了大老闆的授權，最終會被架空，一切只能結束。

由此來看，每一個執行長都是身處在懸崖邊，前一天還能獲得授權，過一天就瞬間豬羊變色。我確實沒有辦法預料到上述的三種意外的劇本，如果不是創辦人身兼執行長，恐怕也沒有任何一位執行長能夠完全避免這樣的意外。但我認爲到了生涯的這個階段，即使不能歸咎於自己，也仍是要負起全責。在選擇老闆之前必須做好自己的功課，正式上班之後也要保持警覺，若是勢不可爲的時候也要主動離開。不必怨懟事情的發展不如所願，也不必去想「如果」的種種可能，只要對前老闆保持祝福之心，就是我負全責的一種緣分。

自從我站上執行長的位階之後，仍然是身處在「老闆選我」還是「我選老闆」的天平之上。我依舊得保持實力，才能讓未來的新老闆賞識我，選我做爲他們的執行長，而現在還是很多人來找我，但走過了生涯的前兩個十年，累積了過去的經歷和見聞，在第三個十年開啟之際，讓我對於「我選老闆」有了明確的認知。現在的我，有了「就業警示燈」，當大老闆來找我洽談合作的可能性時，上述的那些例子就成了我選擇未來老闆的重要依據。

舉個例子，一家有線電視集團的大老闆找我去當執行長，希望能全面授權給我去改變目前面臨的困境。有線電視面對線上串流服務和手機平臺的競爭，剪線率年年增高，在市場持續縮水的情況下，衆家業者爭搶這塊小餅已經注定是產業終局。如果要扭轉情勢，就得大破大立，要敢投資新創，相信這些小公司能為集團帶來加值的服務，比如說納入區塊鏈的產業模式，家裡裝機上盒讓把頻寬分享出去的用戶能夠獲得回饋利得。很多有線電視業者已經結合了寬頻建設，就算用戶不太看電視了，對寬頻的需求依然強勁，針對這一點開展全新的服務，就像創建一群功能不同的攻擊艦隊，來捍衛核心的航空母艦。

而集團目前的形象是否能夠吸引年輕一代的新血加入也是重點，從名片的設計、企業識別的風格、辦公室的氛圍所營造出的雇主形象，再到集團推出的行銷活動和外部宣傳，在外界看來究竟是如何？這些都是必須著手改造的目標。我甚至說我可以不領執行長的薪水，而把這筆錢拿去轉做企業的品牌識別，大老闆愣了一下，然後繼續追問究竟行銷要花多少錢的時候，我就知道一切不再會有下文，而我也不該選擇這樣的老闆。

在職場上，無論是遇到什麼人，獲得什麼職務，走入什麼產業，原本就是一種緣分。這樣的緣分不是完全自然而隨機地發生，而是有努力的成分在裡面。只是這樣的緣分，有時候不見得總是那麼溫柔熨貼，而是注定要衝撞，帶著驚奇和訝異的成分。

走到今天，我能夠有「我選老闆」的底氣和標準，也可說是「因緣俱足」，至於起緣何來？我都會不自覺地回想起三十歲生日時，在慕尼黑小酒館裡與我一起吹蠟燭慶生的師父。

Section 3. 創業精神：不斷前進，爾後傳承

擔任職棒領隊的期間，不只是一場冒險，也是一次試鍊，更是我自己的成長。在看到更多的可能性之後，接下來走出了球場，我依舊要在全新的職場領隊前進，而因爲在球界和業界的跨界操作經驗，現在的我更有辦法在新創領域發揮影響力。

最後的三章，著眼在人才的選擇、養成和引進。臺灣的職棒球隊就和臺灣的中小企業一樣，充滿無限的彈性和可能，走出去一直是我們存活和茁壯的唯一道路。而像是引進外國洋將或是旅居海外的臺灣人才來強化實力，更是讓臺灣企業體質增長的必要手段；只是選擇什麼樣的人才，又該以什麼管道和標準來引援，就是重點所在。

把臺灣做爲市場競爭者的強項給找出來，也讓世界級的客戶和人才走進來。這是我在科技界走闖的心法，其效能在棒球場上也同樣獲得了驗證。從接任、擔任到卸任職棒領隊，我更能體會父親之所以會以「功不唐捐」四字鼓勵他人，就是因爲每個人的任何努力和付出都不會白費，總會在某一天的某一刻以某一種形式迴向到自己身上。

Password

8. 臺灣企業走出去

內容摘要：新創以全球性的題目，加上臺灣優勢打進世界

【提問1】

請問一下，你們公司的名字是？

那，你們公司是做什麼的呢？

哦，加密貨幣啊！USDT？不好意思，那是什麼啊？

呃，在不同的區塊鏈……那什麼是區塊鏈？

人才之間的落差一：強弱之別

當我在校園演講時，三不五時地會被問到上述的問題，有時是開始前的私下閒聊，有時是結束後的公開請教，無論哪一種，我都很樂意回答。年輕的學生對於科技產業的新趨勢和相關術語多少都會好奇，即將要投入就業市場的準畢業生們也常常會趁著這個

難得的見面機會，當面和我聊聊公司的核心業務，順便介紹他們自己。但我從沒想到，當我在面試一位來應徵工作的基層人員時，會被求職者問到這些問題。

目前我身兼幾家加密貨幣交易公司及區塊鏈產業新創的顧問及董事，因爲我一直很熱衷於幫年輕人找工作，在看人這一塊也有很大的興趣，所以就連初階的基層人員我也會參與面試的過程。就像我在利他那一章裡所說的，在協助創業者完成「從零到一」的創業過程之後，卽使不再直接經手日常營運事務，但我還是很願意幫忙和自己有關的新創公司，而且許多執行長也都知道我是樂此不疲，就把面試年輕人的工作委交給我協助，所以我累積了相當多的面試經驗。除了校園演講和實際的工作職場之外，面試也成爲了我另一個和年輕人一對一直接交流的場合。

四十幾歲的我，在第一線大量地接觸二十幾歲的求職者，明顯地感受到這一代年輕人之間存在著巨大的落差。相同性別和年紀，甚至從同一間學校或是相同科系畢業的應徵者，彼此之間的態度和能力呈現了「兩極化」的現象：「強者恆強，弱者恆弱」，兩者之間就像活在毫不相關的平行宇宙。

在弱者的這一端，他們的態度被動，能力明顯不足，但說話卻是充滿自信和自我。態度上，他們依舊抱持著學生時期的心態。舉個例子，當被問到爲何離開之前的工作時，就有應徵者跟我提出這樣的理由：「因爲我老闆說，客戶的要求如果合理的話就是訓練，不合理的要求就是磨練。但我覺得我老闆超過分的，畢竟客戶是人，我也是人，不合理的要求我為什麼要做？」這樣的坦誠和追求平權固然也是一種可喜的特質，但傳遞出來的訊息就是這位應徵者不願意配合現實來調整自己。如果應徵者的能力極強，那還有捍衛自己立場的底氣，但是這些應徵者很多必要的軟體工具都不會，也沒有太多其他的經歷，甚至連來面試都缺乏基本的準備。

於是他們在面試的時候，自我介紹在說完自己的名字之後就開始思前想後，還沒問到為什麼他們要來這家公司上班，面對我提出的基本問題就已經是一問三不知：不知道這家公司的核心業務是什麼，也不知道核心業務之中最常見的專業術語是什麼意思，有時還不清楚自己正在面試的這家公司是什麼名字。他們並不是緊張而表現失常，因為他們在應對進退之間依舊非常自在，會這麼缺乏準備是因為他們心裡覺得這只是面試而已，又沒有什麼大不了的。

他們並不知道自己這樣的面試表現很難讓他們找到工作，他們也完全沒有認知到這一點，因為他們的認知仍停留在「自以為是」的第一階段：「不知道自己不知道。」

而在強者這一端，就可以看出臺灣的職場新鮮人並非全是弱者。我曾經遇到過很多極為出色的學生，一樣是剛出社會不久，但無論態度和能力都遠勝於同儕，而且不斷地自我要求，讓他們的認知持續升級。

舉例來說，女孩「雨鞋」從學生時代就來做我小孩的國小美術家教，她能夠使用非常多的電腦繪圖及數位多媒體工具，有著極強的自我學習驅動力，後來我推薦她去網家集團當實習生，接著她靠自己的實力進入了廣告代理商，工作到一段落準備去念研究所繼續進修。在這段空檔，不只在我協助的區塊鏈公司實習，最近又在幫忙著名的臺灣區塊鏈網紅「腦哥」打工剪接影片。縱觀她一路的認知升級，就是因為她早早進入了認知的第二階段「知道自己不知道」，所以努力地學習，透過各種公司和不同新興產業的經歷，來擴展自己的見識、知識和人脈。

像這樣的臺灣學生很多，在他們身上我可以看到自動自發、自律自學的渴望。但不可否認，我也同時看到其他臺灣學生只追求小確幸，不願挑戰自己。所以，臺灣不是沒有優秀的新世代人才，但出現極化的比例很高，強弱之間的差距極大，就是因為他們處在完全不同的認知階段。

這樣的落差表現在求職的態度和能力上，也只是一個縮影而已。事實上，臺灣新世代人才的落差還有其他的層面，尤其是和其他國家的人才相比，在海外求職的意願和企圖心也有很大的不同，影響所及，也讓臺灣的人才不容易走出去。

【提問2】

誰說年輕人只想待在臺灣？

隨便去問一下，不是有很多人願意去海外工作嗎？

每年出去澳洲打工遊學的人不是也不在少數嗎？

就算我們想要待在臺灣追求小確幸，那究竟又有什麼不對？

人才之間的落差二：框架之別

我爲什麼喜歡幫年輕人找工作？因爲我的職業生涯經常受到許多貴人的幫助，讓我想和這些前輩們一樣有所付出，並把他們的恩情回報給下一個世代。而我個人的利他思維，也讓我想要盡可能地給年輕人提供一塊入門磚或是墊腳石，若是因爲我順水推舟的一個小動作，無論是分享一個觀念、介紹一個人或是推薦一個公司，而讓他們得以按下人生的快轉鍵，甚至是看到他們因爲「認知升級」而獲得成長，那都是難以取代的快樂。

也因爲自己在海外工作的經驗，我會特別留心去觀察臺灣年輕人在找工作的時候，是否會刻意地避開「海外」這個選項？新世代的臺灣人才究竟遇上了什麼樣的瓶頸或是迷思？和對岸的年輕一代相比，兩岸之間又有什麼差別？

對於海外就業，兩岸學生的想法和實踐程度確實有不小的差距。舉例來說，我之前因爲在雪豹工作的關係去過22個國家，見過很多創業者，也遇過很多在海外工作的人。其中像是沙烏地阿拉伯的利雅德，那裡的文化傳統就非常不同，那時當我走進當地的星巴克，男性使用的入口標示著「男性」（Man），女性的入口則是「家庭」（Family），女人和小孩只能走這裡入店。男店員幫男顧客調咖啡，女性顧客則是由女店員負責。當我第一次進去男廁所時，還以爲我走進了女廁，因爲裡面找不到小便斗。我才知道這樣的設計是因爲他們男性都是穿袍子，坐著如廁比較方便。那裡文化保守，像是全面禁酒，就連電影院也是到了2017年才重新准許營業，而女性更是受到許多限制，直到2018年才開放讓女性開車。

即使不是沙烏地當地人，外國女性來到這裡工作也一樣要遵守這樣的文化習俗和法規。在種種的限制之下，我本來以爲這會降低外國女性來沙烏地工作的意願，因爲我連在街上都看不到太多女性。沒想到我一走進華爲在利雅德的海外辦公室，居然清一色全是來自中國的女性工作人員。

我不禁好奇地詢問了一下她們，爲何不留在深圳總部工作就好，生活方便很多，離家也近？其中一位女員工和我說，她是從內地最頂尖的阿拉伯語文學系畢業的學生，她早就知道來沙烏地工作有很多生活上的限制，但她依舊爭取外派，因爲她認爲在這裡才能突顯出自己出身阿語系的優勢。她和其他女同事的想法一樣，就算再不方便，也要來這裡拚一拚。就算家人和愛人不在身邊，也沒人考慮這一點，除了能賺錢，也因爲在海外工作可以爲公司開疆闢土求表現，讓自己更容易被看見。

我曾經在政大阿語系演講，同樣的問題我也問了這一群臺灣最頂尖的阿語系人才，是否有人想要去沙烏地阿拉伯工作？現場，並沒有任何人舉手。

臺灣早期其實和沙烏地關係密切，兩方之間有非常多經濟合作，之前臺灣的榮民工程處和中華工程公司也會派駐很多工程隊在沙烏地工作。時移境遷，現在如果去問臺灣人沙烏地阿拉伯是哪一個國家，很多人第一個會想到的是阿拉伯聯合大公國。也有很多人聽過杜拜，那是阿拉伯聯合大公國中人口最多的城市，但很多人並不知道沙烏地的首都是利雅德。

而今，同爲阿語系的教育背景，兩岸學生對於在沙烏地阿拉伯就業的認知框架已經完全不同。臺灣年輕人的框架差異，形成了他們想要走出去的壁壘，其中又以下列三點最爲常見，分別是：一、臺灣年輕人對海外工作地點的偏好；二、出外打拚的意願；三、面對海外競爭時所表現出來的特質。

第一，很多人會認爲臺灣的年輕人明明就很想去海外工作，並沒有像我所說的那樣自我封閉。事實上，臺灣年輕人心目中的海外工作地點有著非常明確的偏好。

我在校園演講時也常問學生們這一題，當我問：「想要去海外工作的人請舉手？」通常現場都有四分之三的學生舉手；我接著又問：「想要去巴黎工作的人請舉手？」他們的手依舊舉著，沒有多大的改變。但我最後再問：「那想要去馬尼拉工作的人請舉手？」一下子舉手的人從全場的四分之三變成只剩下三四個。

所謂「海外工作地點的偏好」，就是一種臺灣年輕人認知框架的差異。對其他國家的年輕工作者來說，所謂的「海外」包括了這整個世界，但對臺灣年輕人來說，「海外就業」的認知框架是被侷限在特定地區。而對我來說，前往東南亞協會國家工作，像是菲律賓、印尼、越南、馬來西亞、印度、泰國等新興市場，這些地方充滿了成熟市場所沒有的各種機會和可能性，應該是最有利於個人生涯發展的選項。

然而，我發現很多臺灣的年輕人完全沒有去新興市場拚搏的打算，所謂去海外工作，就是去已開發國家，像是美國和歐洲，而他們都會想像著去那裡工作之後，會在自己的舒適圈裡過著電影中所描繪的那種美好生活。

像是28歲年薪就破七百萬的許詮，來自臺灣的他就是在印尼和菲律賓市場闖出了自己的天下。他自己就把每次外派都視爲探索新舞臺的機會，讓自己的工作愈換愈好，位階愈走愈高，薪資也隨之破表。許詮的例子，說明了在新興市場工作所帶來的巨大可能性，也是許多新一代臺灣年輕人會因爲認知框架的不同而容易錯過的機會。

第二，很多人會說臺灣的人才不想出去工作，是因爲臺灣太舒服了。這話只對了一半，我確實發現現在的臺灣人出國留學的比例逐年降低，很多人只想要去澳洲打工度假或是遊學，其中有一部分的原因就是臺灣的生活環境太優越了，很多東西都不假外求，也讓人難以離開這樣的舒適圈。

然而，「臺灣很棒」，並不應該構成年輕人「待在原地」的理由。

所謂「出外打拚的意願」，就是另一種臺灣年輕人與衆不同的認知框架。很多人會認爲，過去是因爲臺灣的經濟和生活條件太差，大家活不下去只好被逼著往外去發展，所以才會有「一卡皮箱走天下」的海外工作現象。言下之意，因爲現在臺灣有著平權、開放、自由和高性價比的生活品質，所以臺灣年輕人就不必再離鄉背井去打拚。

臺灣確實很棒，曾經出國念書或是工作過的人對此都有很深刻的體認，卽使是他們去的是像美國或是英國這樣的先進國家，但無論是醫療、交通、飲食、服務、治安、還是物價水準，和臺灣相比，這些日常生活之中所遇到的落差都令臺灣人難以接受。

「我在臺灣過得很好」，但年輕人不能夠因此就覺得從此不用再出去了。究竟臺灣爲什麼可以造就這麼舒適和優越的生活環境？還是要自己出去看過之後才知道，而在和其他地方比較之後，也才知道怎麼樣讓這裡變得更好，更重要的是，這樣你才會知道自己該怎麼做，才能夠在臺灣的競爭環境之中脫穎而出。畢竟，多數人都想落葉歸根，回到自己熟悉的土地上生活，當初去海外工作的願景其實是「衣錦還鄉」，而擁有海外的工作經驗，確實有機會爲自己創造出更具競爭力的就業條件，讓人能夠在臺灣長久生活。

第三，總有許多人說臺灣的年輕人比不上大陸這一代，所以才會逐漸在海外的競爭舞臺上敗退下來。這話也並不全然正確，臺灣年輕人依舊有自己的競爭優勢，關鍵就在於他們是否清楚地了解自己的認知框架爲何。

如同我之前所說，兩岸年輕人的危機意識和自我認知之間有很大的差異。像我去浙江大學演講，一旦開放給學生發問，馬上就有人搶麥克風，大聲地說：「老師我有個問題要問你。」結果常常搶到麥克風的學生也不是爲了要問我問題，只是利用機會在自我推銷，在介紹完他自己了之後才把問題丟出來，就是想藉此讓我對他留下印象。

相反地，我在臺灣的頂大演講，只要我一問大家有沒有問題，全部人的頭都低了下來，一片無聲。臺灣的孩子比較鋒芒內斂，有種不善大鳴大放的溫和。我不認爲自己這麼說是在長他人志氣，滅自己人威風，也並不是人家的小孩都比較優秀，我家小孩就比較欠揍。我就是注意到臺灣年輕人有這樣的溫柔特質，但這並不表示這樣的特質沒有競爭的優勢。

在和其他國家的人共事的經驗裡，我也常常發現每個國家的員工都有自己的特質。像是大多數法國人生性浪漫，但有些法國人又難免吹毛求疵；很多義大利人個性隨和，只不過不少義大利人容易便宜行事；美國人多半態度熱情，但也有很多美國人對原則的堅持近乎冷酷；就算是同受儒家文化影響的越南人，多數都是溫和有禮，但也有很多越南人脾氣很硬，難以說服。這些人才的特質各自不同，同一個國家的人也有完全相反的傾向。然而，這些特質也一樣可以成爲他們在海外競爭就業的優勢。就和臺灣的孩子一樣，雖然個性上比較溫和內斂一些，但也有他們的切入點。

就拿臺灣的鼎泰豐來舉例，就是把臺灣人體貼溫柔的特質發揮到極致。曾有一位香港學者到臺灣中研院工作，撰文提到他去鼎泰豐吃小籠包的故事。當他排隊等待叫號，沒想到輪到自己的時候，從機器出來的叫號聲居然是廣東話。原來他在門外取票時，服務人員已經判斷出他是香港人，所以自動叫號系統選擇了粵語。同樣的情況，也出現在下一位日本遊客身上，總是試著以他們最熟悉的語言來招呼不同國家的觀光客。鼎泰豐能從臺灣成功走出去，就是他們把臺灣人在地的溫柔特質做出了全球性的延伸。同樣的，臺灣的年輕人在海外就業時也有可能因爲這樣的特質而找到自己的利基點。

大陸企業家傅盛曾經強調「狼性的管理」，他認爲我是狼，如果你是羊，那你就不要來我的公司工作。臺灣的小孩有可能是因爲過得太幸福，被家長保護的太好了，所以失去了狼性。但如果世界上其他出色的公司，都是秉持著這樣的狼性管理，做爲一頭羊究竟該讓自己變成一匹狼？還是去找一家老闆是羊的公司工作呢？

我所認識的臺灣人才，無論老中青三代，待人處世總是有一種特別的溫柔。這樣的特質很難得，確實沒有必要爲了求職而披上狼皮，相反地，應該可以走出自己的路，找到適合自己的海外公司。但重點是，不要因爲自己不像對岸的競爭者那麼積極，就硬是反其道而行，決定要走一條隨興的路；也不要因爲看到其他國家的競爭者那麼浪漫也行，於是就跟著放自己一馬。發揮自身特質的優勢，而不是放任此一特質成爲自己在海外求職時的缺點。

比起前幾代，這一代的臺灣年輕人，要打敗同一世代的競爭對手實在太容易，也太困難了。面對臺灣島內的同胞對手，出色的年輕人很容易一下子就獲得壓倒性的勝利，因爲想要簡單過一生的年輕人實在太常見。但臺灣島外的對手，卻是挾著巨大的資源、同樣的拚勁和明確的意識在和臺灣的年輕人拚搏。臺灣這一輩的優秀人才不是敵不過，而是競爭得很辛苦，甚至會被同輩的人笑說幹嘛搞得這麼累。

然而，臺灣人才特有的認知框架如果使用得當，大膽地選擇不同的海外工作地點，就算在臺灣過得再爽也要有出外打拚的企圖心，並且善用自己本身的特質做爲競爭優勢，就會有愈來愈多的臺灣年輕人有機會走出去。

【提問3】

許多其他國家的人出國工作，其實都是外派到他們國家品牌的海外公司。為什麼臺灣不行呢？

臺灣企業走出去的困難：舊世代的困局

臺灣人才要到海外工作，確實會遇到很多阻礙和壁壘。就算臺灣的年輕人想要被公司外派，也會受限於臺灣的產業和公司現狀而難以成行。一直以來，臺灣能夠走出去的品牌並不多，像是成名多年的捷安特、瑪吉斯、華碩和宏碁，或是如流星一般閃過天際的宏達電HTC，想要在國際市場取得優勢地位都不容易。自有品牌若是能夠打進國際市場，就是一個讓自己的人才得以發揮的全球平臺。反之，如果沒有足量的國際化品牌，就難以對外大量輸出自己培養的本地人才。

根據經濟部工業局主辦的「2022臺灣最佳國際品牌價值」調查，榜單前十名依序爲華碩、趨勢科技、旺旺、聯發科技、研華、巨大集團（捷安特）、宏碁、國泰金控、中信金控和美利達。至於第11到25名則是中租控股、臺達電子、聯強國際、美食達人（85度C）、統一企業、正新橡膠（瑪吉斯輪胎）、微星科技、喬山健康、威剛科技、克麗緹娜、創見資訊、技嘉科技、桂盟國際、元太科技和上銀科技。

在這些臺灣品牌當中，除了傳統製造業像是捷安特和瑪吉斯等品牌之外，科技業原本就是臺灣產業的強項，而在珍珠奶茶紅遍海外，成爲臺灣美食文化的新象徵之後，像85度C這樣的服務業也開始走出去了。

在缺乏自然資源和足夠內需市場的情況下，國際貿易是臺灣商業模式的核心之一，海外市場也一直是臺灣經濟的命脈，在出口導向的經濟發展模式之下成長的臺灣企業，應該沒有走不出去的道理。然而，爲什麼現實的狀況是沒有更多的臺灣品牌能夠打進國際市場？我個人認爲，臺灣企業走不出去的原因有二，第一是臺灣代工模式的產業結構，第二是臺灣企業的文化背景。

首先，臺灣代工模式的產業結構成功支撐了經濟的成長，但也同時讓自有品牌不容易出現。臺灣的產業發展模式多半都是從代理國外商品開始，透過合作的關係，逐步地引進技術，從中培養相關人才漸漸地建立產業基礎。

就以家電業爲例，根據「懷舊達人」張哲生的說明，1953年洪建全創辦了自有品牌「國際牌」，因爲收音機大賣而打響名號，到了1962年和日本松下合資成立臺灣松下，開始生產電視機，日方也沿用洪家已有知名度的「國際牌」做爲「National」在臺灣的品牌名稱。透過代理經銷及合作生產而累積出來的基礎，洪家第二代洪敏泰從1983年自創品牌「普騰」電視機，1987年又創立「泰瑞」，開展了臺灣家電自有品牌之路，然而這條路並沒有成功。到了2003年日本松下決定全球統一改用「Panasonic」的品牌名稱，臺灣松下也只能跟著結束「國際牌」這個當初由臺灣人創辦的自有品牌名稱。

臺灣家電業因爲和國外廠商合作而能夠蓬勃發展，也因此後來能夠出現新的自有品牌，不過，這樣的模式也限制了自有品牌本身的發展，像是「普騰」和「泰瑞」都沒能延續最初的熱潮，至於最老的「國際牌」也因爲配合日本原廠的政策而走入歷史。

後來的科技產業也是依循類似的發展模式，從家電代工、汽車代工，一路到筆電代工、手機代工和晶圓代工。就是原廠寫給我們手冊，然後我們就是照著細節去優化而完成。臺灣企業擅長的強項是根據已知的流程，從執行之中去規畫，然後不斷地重覆，達到最高的良率。但要發展出國際品牌是需要大膽的創新和不斷的試錯，這一點正是習慣代工模式的臺灣企業所缺乏的認知經驗。

其中，臺灣的義務教育體制和制式的塡鴨哲學，把每一個有不同想法的孩子，變成了標準化工廠生產出來的罐頭，其作用就是將年輕人打造成企業所需要的工作零件，成爲社會結構裡的螺絲釘，而普及的教育就讓代工產業有著源源不斷的優質勞動力。臺灣的人才能夠有獨立解決問題的能力，能幫助既有的產業繼續發展，但同時又被灌輸了服從體制的思維，壓抑了自創品牌所需的大膽創新。

在這樣的產業結構和教育體制之下，臺灣有許多中小型企業卽使成功地打出自己的海外市場，也泰半沒有走上自有品牌之路，而是成爲該產業鏈的優秀供應商。無論是在臺灣本地或是在海外設廠生產，臺灣企業關注的重點仍是以提升製造技術和降低製造成本爲主要考量。然而，當臺灣原先的技術優勢和控制製造成本的方法開始被競爭者追上，缺乏自有品牌的劣勢也隨之浮現。舉例來說，2000年大陸取代美國成爲臺灣的主要出口市場，在這樣的進程當中，隨著設廠而往大陸輸出的臺灣人才也從一開始的臺商，逐漸成爲後來的臺幹，再到最近的臺勞。

臺灣的企業和人才想要不被競爭者給取代，發展自有的國際品牌是必須完成的轉型之路。先前家電產業如此，後來的科技產業也是一樣。從正面的角度來看，臺灣因爲代理代工的經驗，讓臺灣企業變成一個相關人才的培養庫，確實累積了一定的技術和能力來發展自己的品牌。卽使最終原廠用自己的品牌進入臺灣市場，但臺灣的代理和代工業者也已經開枝散葉，利用培養出的人才和學到的knowhow來持續發展。

而到了軟體產業的時代，臺灣也是循著同樣的路徑。那時雪豹科技在臺灣成立，是代理和販賣獵豹的商品。雪豹和獵豹的關係，就好像中華賓士與德國賓士一樣。臺灣這家中華賓士所經營的業務，就是基於德國原廠製造的賓士車進行加工安裝配備、販售及維修服務。如果哪一天，德國賓士不再造車，沒車可賣的中華賓士也可能會隨之收攤。

雪豹也是一樣，一開始成立的時候，就是代理獵豹所開發的軟體商品在臺灣市場販賣。然而，和中華賓士不同的地方在於，雪豹在代理資訊軟體的過程當中，也成爲一個臺灣互聯網的人才培養庫。同時，雪豹當時積極開發海外市場，針對歐亞超過22個國家尋求技術服務的合作，而從雪豹出去的這些新一代互聯網人才，後來也就利用這樣的海外經驗而開創出個人和新創產業之路。

目前至少有超過20間以上的創業公司有著雪豹的DNA，例如吳威翰的Accucrazy肯準行銷。雪豹過去積極向全球擴張，過程之中讓許多員工有機會站上國際舞臺，前往海外開發商務，而吳威翰就是其中一人。由於雪豹的合作夥伴獵豹取得了musical.ly（後被抖音收購）廣告總代理，吳威翰被派往紐約，他藉此機會深入了解美國品牌廣告市場。雪豹解散後，吳威翰以紐約經驗爲基礎創立了Accucrazy，期望在亞洲整合像是區塊鏈或是AI等數位科技與創意廣告，提供客戶高品質服務。雪豹的全球化策略，讓參與其中的吳威翰得以成長，後來他也成爲新創產業的生力軍之一。

過去，臺灣產業的代理代工模式，成功地讓臺灣企業取得巨大的獲利，但也同時限縮了自有品牌的發展。畢竟發展自有品牌需要完全不同的思維，同時也需要更龐大的資金、人力和時間成本，在代工相對好賺的情況下，很難全心投入自有品牌。此外，臺灣企業的內部文化也同時限縮了臺灣自有品牌的發展，在嘗試走出去的過程當中，因爲企業文化的衝突而讓海外拓展之路難以成功。其中，老闆的心態對臺灣企業的影響最大。

臺灣的企業因爲是「家天下」的權力結構，所以臺灣老闆在心態上，不容易授權給外部的專業經理人來管事。當企業在臺灣都難以授權給臺灣人，在出了海外之後就更難授權給外國人。以過往的例子來看，沒有授權問題的臺灣海外企業眞的是相對少數。像是HTC之前在全力進軍國際市場時，他們在海外的組織相對不穩定，人員流動相當大，就我所知，他們在印度的總部未曾正式聘用一名員工，要不就是簽約合作的派遣人員，要不就是代理商。這樣的人力結構，確實很難打下印度這麼大的市場。

臺灣老闆的心態也表現在接班的過程中。很多臺灣企業的執行長一直就是該公司的創辦人，原本創辦人負責「從零到一」的創業過程，到了「一到一百」的階段就該正式交棒，就此完成任務而不再管事，但臺灣的創辦人通常很難放手，到了六七十歲了還是抓權不放。

在矽谷的新創品牌之中，確實也有一樣的情況，你會看到依舊年輕有力，大權一把抓的祖克伯（Mark Zuckerberg），也會看到事業愈做愈大，事情愈管愈多的獅子馬斯克（Elon Musk），還有因爲不斷地轉型，而一再被留下來爲公司處理全新挑戰的貝佐斯（Jeff Bezos）。除了上述的三種情況之外，美國新創企業通常都會授權專業經理人接任執行。

相對地，臺灣企業除了創辦人不想放手之外，還會有世襲傳子的接班傳統。臺灣企業這種傳子思維，經常形成管理上的衝突，甚至是存續的困難。甚至還有像東元集團爆發的父子爭議，就連兒子也無法獲得完全的授權而順利接班。從高層的授權文化就開始如此封閉，就會很難期待底下分層分工的授權能夠做到徹底，然而，企業想要走到海外，就必須有完整的授權體系，這樣海外分公司的管理階層才能夠即時處理在當地面對到的各種問題。

而我也發現，臺灣企業並不是不知道創新的重要性，但公司文化的限制卻讓他們對於創新感到「有心無力」，這也會間接影響到他們往海外拓展的能力。像是為了鼓勵內部創新，曾有一家臺灣企業舉辦內部創業大賽，評選為第一名的團隊將獲得集團資源的支持，用自己的新創點子去成立子公司。然而，理想很豐滿，現實很骨感，這樣的創業大賽成了交辦事項，員工的參與只是為了提升自己在上司眼中的評價，並沒有打算要成立子公司當老闆，而各個團隊在準備比賽的過程之中也會和日常的業務工作產生衝突，最終，比賽辦完了，發展出來的成果並沒有如計畫成立外部的子公司去執行，而是留在集團內部使用。

凡此種種，都是之前臺灣企業努力的過程，而臺灣品牌想要走出去，過去經常受限於產業結構和企業傳統文化而難以成行，這也是屬於舊世代的困局。

【提問4】

難道我們就此困在傳統的格局當中，再也走不出去？

難道我們一定要等到公司外派，才有可能去海外就業？

難道我們一定要等到臺灣公司走了出去，我們才能跟著前進海外？

臺灣企業走出去的成功關鍵：互聯網思維

在過去的世代，臺灣企業受困於產業結構和經營文化而難以走出去，然而，到了互聯網時代，一切就不一樣了。這時的臺灣品牌更有機會走出去了，因爲在新創產業的世界裡，隨著臺灣人才在海外創業之後，創造出了臺灣企業跟著一起出去的全新局面。

就像我之前舉的例子，在政大阿語系演講時，請問在座學生是否有人想要去沙烏地阿拉伯工作，結果沒有人舉手。即使現在阿拉伯世界成爲新金融重鎮，許多區塊鏈產業都集中到阿拉伯半島，但臺灣年輕人想要前往當地工作的比例實在不高，就算想去，在那裡也沒有一間強勢的臺灣公司可以讓臺灣人去上班。原本的思維，是要建立臺灣的自有品牌，才能讓輸出本地的人才出去海外工作，不然只能說是替他國企業在打工。

然而，當互聯網已經進展到後App時代，不只連開發單一的應用程式都顯得落伍，就連過去的認知框架也都開始受到挑戰。舉例來說，臺灣目前新開業的公司數量一直在創新高，很多人在網路及共享經濟快速發展，而整體經濟情勢又不甚確定的情況下紛紛出來做「斜槓創業」，也就是用副業去試錯，小步快跑去追上目前的潮流。這是一種社會的趨勢，這些人能不能成功是另一回事，但他們已經率先走出了舒適圈。

而他們之所以敢出來嘗試，除了自身的斜槓背景和條件之外，也是受惠於互聯網時代相關科技的進步和民眾消費習慣的演化轉變。這些新創公司很多是「一人創業」的形態，尤其是「一人電商」，做一個成功的直播主就能賣貨。

在職場上有這麼一句話：「舉一反一不能用，舉一反三勉強用；舉一反五是人才，舉一反十會發財。」這是指員工在接到上司主管的指示時，是否能夠自行延伸，把相關的事情給做好。如果講一句才做一句，甚至只做一半的員工，這樣的人不適合繼續留在公司裡工作，因爲他們只會拖慢了效率。舉一反三只是最起碼的應有表現，要能夠更進一步發想出更多可能性才是好人才，而他們也很容易就會獲得升遷。至於能夠舉一反十的人，很可能不久之後就會自己出去創業了，因爲他們思考全局，就像棋手一樣，能夠推估十步之後的形勢。

這也是認知升級之後的優勢，臺灣現在也有很多年輕世代，擺脫了罐頭工廠的教育桎梏，決定不要再做罐頭，不再只是拿著老闆、主管或是國外原廠的守則做事，而是能夠把自己的想法給體現出來，於是臺灣有愈來愈多的新創品牌出現，這些新創品牌之所以能夠成功，主要也是他們應用了互聯網思維。

舉例來說，想要創業的人，都在苦思如何找到有前景的創業題目，設想出正確的做法與方向，但最後提出來的想法總是大同小異。問題點在於許多人的「認知」同質性太高，由於彼此之間的生活圈和消費型態類似，導致於思維雷同，不易突破。由此也可以理解爲什麼很多創業團隊的天使投資提案會被拒絕，關鍵就是他們的認知仍未升級。團隊成員可能在自身環境、認知下認爲提案是可行的，卻不理解在外人眼裡，這或許根本毫無商業價值。

互聯網思維便是衆多不同「認知」所產出的結果，各種創新商業模式在移動互聯網下化爲可行，這些創新在經過細細拆解、分割後或許看似只是由一些簡單概念組成，但如何將這些零碎的想法進行整合，便是對於創業者的挑戰，也是移動互聯網時代下，想要成功創業就必須學習的思維模式。

在這個變化快速的時代，因應不同的消費需求和變化，創業者必須根據傳統的商業行爲去進行重塑，提出全新的商業模式，才能打破傳統格局，找出全新的需求。像是臺灣新創果物配，將傳統農業融入電商，與果農合作，利用「訂閱配送」模式供消費者自由選擇想要的水果，達到客製化的目的，提供忙碌的上班族新選擇。在這樣的模式經營下，使用者逐漸成長，果物配甚至還需要回頭尋找一塊田專門爲他們的水果進行契作。

經過數年苦熬，果物配品牌所屬的騰勢公司已經轉型爲以保健食品以及寵物食品等多品牌集團，營業額年年破億，創辦人張智翔從一個默默無名的年輕人成爲食品大亨，又是一個令人振奮的臺灣創業故事。

當創業者跳出舒適圈，獲得了認知上的升級，再回頭來思考並整合創業模式的可能性，才能創造出好的商業模式和獨特的價值主張，這讓他們不只可以在臺灣市場成功，更可能就此走上世界的舞臺。

而在我看來，臺灣的年輕人才非常有能力運用互聯網思維來成功創業，並且走出自己的海外市場。像是做雲端廚房的Just Kitchen已經在加拿大、德國和美國上市，CloudMile（萬里雲）也在新加坡成爲最大的雲端服務供應商，下一步將在馬來西亞和印尼雅加達等東南亞經濟樞紐成立據點，而做內容電商的MYFEEL（品感覺）也已被日本上市娛樂公司DLE（Dream Link Entertainment）收購，成爲該集團旗下子公司，將合作開發更多橫跨臺灣、日本及馬來西亞等多國市場的創意專案。這三家新創就是臺灣企業在互聯網時代，打破舊世代困局而成功走出去的最新範例。

Just Kitchen是因應疫情衝擊之下而衍生出的新創品牌，在封鎖隔離的期間，民眾對於美食外送的需求大幅成長，「虛擬廚房」的商機也隨之浮現。所謂「虛擬廚房」是沒有實體店面，店家僅提供外送的餐飲服務模式，因爲節省了開設店面的相關營運成本，也不會受到店址區位的影響，這讓虛擬廚房的業者可以同時經營多個餐飲品牌，不只有靈活的彈性也有價格上的優勢。至於Just Kitchen則是整合了外送服務、衛星廚房以及多種餐廳品牌，打造出「雲端廚房」的數位服務模式。

舉例來說，臺灣知名的傳統老店「鬍鬚張」，若是想要進軍新市場，必須考慮店租、人事、品質管控等營運問題，但和「雲端廚房」合作，「鬍鬚張」只需要開發專門設計的外送菜單，再將製作過程外包給衛星廚房，透過外送就能夠觸達到原本沒有分店的新市場，就連海外市場都有辦法依此模式開拓。而Just Kitchen負責所有食材、人力和行銷成本，並確保餐點品質符合餐廳品牌的要求水準。

做爲全臺第一家雲端廚房，Just Kitchen的例子不只是因爲他們成功的在海外上市，更重要的是透過這個平臺，臺灣美食品牌也可以跟著進軍海外市場。創辦人陳星豪從小住在加拿大，但暑假都會回臺灣去找奶奶，一起去吃饒河街夜市的臺灣小吃，在待過創投公司多年之後，最後選擇回到臺灣來創業。他的認知過程就是跳出舒適圈，在認知升級之後找出有前景的創業題目，再加上他先前在創投界工作的背景，讓他知道如何透過海外上市快速取得成功。

萬里雲則是針對企業客戶，提供AI人工智慧和雲端運算的顧問諮詢及導入服務。透過機器學習和大數據分析，萬里雲已經協助海內外超過五百家的企業進行商業市場的預測分析，並在數位轉型的過程當中提供相關的策略擬定和必要的雲端服務，像是全天候託管和多帳號管理，讓這些企業得以進入數位經濟生態圈。

而以品牌電商起家的品感覺，是在2017年由郭承錠、楊婷雯和劉松淵3位大學生共同創立，到了2020年時轉戰群眾集資平臺，開始在日本和東南亞進行跨國集資，透過自營媒體來讓提案者獲得更高的流量和曝光，成爲他們進入海外市場的第一步。品感覺和國內外家電大廠都有合作關係，包括夏普、樂金、飛利浦、聲寶等，針對年輕人的小家電消費市場，打造出這一個世代會關注的新商品，從小家電的外型美感到功能創意，創造出一種「創新的美型」，並透過社群平臺的行銷模式和年輕消費者互動。在2022年9月正式成爲DLE集團子公司之後，未來有望進一步提升臺灣、日本和馬來西亞三方的創意經濟規模。

分析這三個臺灣新創品牌成功的原因，主要有二。第一，創業團隊從一開始就設定了全球性的題目。他們並沒有侷限在臺灣市場，在創業時的思考就不是只針對臺灣的消費者去設定專屬臺灣的題目。

像是Just Kitchen就是衛星廚房搭配物流，這是全球都可以通用的餐飲模式，萬里雲所主打的雲端服務也是目前全世界的剛性需求，即使在先進國家依然有很多企業把資料儲存在地端，這讓萬里雲的上雲服務有著無窮的海外市場。

這些臺灣新創成功的第二個原因，則是透過臺灣特色而加注了競爭力，不只肯定了這個地方的特質，也讓這樣的特質成爲競爭的優勢。像是萬里雲就是基於臺灣優秀的IT能力、吃苦耐勞的毅力、薪資與工時有高性價比的工程師，不只讓他們的新創服務模式搬到哪裡都能適用，可以服務全球的客戶，也在成本和價格方面更具有優勢。

不可思議的是，這些創業者之中，有些人是出身於現有教育體制下的罐頭工廠，卻能夠跳脫出僵化的認知，成爲突變的獨角獸，這讓他們的創新力量更爲強悍，特別的不容易。

而且臺灣本身就是一個很適合新創產業進行概念測試的市場，規模適中，新創的商業模式究竟是成功還是失敗都很容易能夠測試地出來，讓臺灣市場有著試金石的作用，測試結果也能夠提供未來其他更大市場的匹配程度及參考座標。

臺灣企業在走出去的過程之中，過往受困於產業結構和經營文化而步履維艱，臺灣的人才也無法跟著臺灣自有品牌到海外發展。而今到了互聯網時代，臺灣人才從一人創業到團隊新創，先設定了全球化的新創題目，再加入臺灣在地化的特色優勢，發展出了多樣的創業型態。從一人電商到大規模整合數位新生態，這些品牌透過更靈活的募資手段和上市方式，創業沒有多久就成功地打開了海外市場。而臺灣新一代的企業就在這樣的風潮之下，隨著臺灣年輕世代的人才一起走出去，就此打開了全新的局面。

Password 9. 海外人才請進來

內容摘要：運用雙軌人才，外籍及海歸人才並重，創造企業績效

【提問1】

爲什麼大家總是說臺灣不夠國際化？

臺灣很好啊！人們總是對外國人很友善，也有許多國外觀光客喜歡來臺灣。雖然臺灣沒有像是紐約或是東京那樣的國際大都會，但臺北的國際親和度也很高。何苦要看輕自己呢？

看看別人，想想自己：愛爾蘭和新加坡

臺灣確實是一個對外資或是外商相對友善的地方，無論是風土民情，還是政策法規，整體上來說是一個相對開放的經濟體，公部門也一直致力於法規的修正，政府官員及政治人物也把吸引外資進駐，以及出國對外招商視爲重要的政績表現。

然而，相對於其他更開放的國家來說，臺灣所展現出來的主動性、吸引力和配套措施還是遠遠不足。

就以歐洲的愛爾蘭爲例，愛爾蘭土地面積約是臺灣的2.5倍，人口卻只有臺灣的五分之一，GDP也少於臺灣。在政治上同爲兩大政黨相互競爭的格局，但中長期的經濟政策卻非常一致而且明確，無論哪一黨執政，都是以「外國人直接投資」（Foreign Direct Investment, FDI）來做爲選民考核的標準，而做爲吸引外資的主管機關，愛爾蘭的投資發展署（Industrial Development Agency, IDA）更是直接以「每年創造多少個就業機會」做爲考核他們工作成果的關鍵績效指標（KPI）。

愛爾蘭爲了吸引外資進駐，全面鬆綁法令、簡化簽證流程、提供稅務優惠、幫助企業媒合，並且設立單一窗口。這些政策法規上的努力以及政府組織作業流程的調整，成功地發揮了效果，讓愛爾蘭經濟成長率一度穩坐7%，在已開發國家行列中成爲一個奇蹟。而在世界經濟論壇的排名裡，愛爾蘭在吸引人才的能力上，也曾高居全球第九。

我所創辦的臺灣紫牛創業協會曾在臺北101大樓舉辦了一場「愛爾蘭創業投資說明會」。當天愛爾蘭投資發展署的首席科技顧問費尼根（Ken Finnegan）曾說了這麼一句話：「因爲我們是小國，所以得要智取！」（We are small, so we need to play smart!）在缺乏內部資源和強大外部奧援的情況下，愛爾蘭得運用更聰明的手段才能在如此激烈的競爭當中勝出。

以我個人的經驗來說，當我們前往愛爾蘭考察，就從下飛機的那一刻開始就能感受到他們的誠意。投資發展署的負責窗口爲每一位到訪者準備客製化的禮物，把來訪客人的名字放到當地最好的威士忌之上，即使我們還沒有做出任何承諾，在愛爾蘭究竟有什麼明確的計畫？要投資多少金額？打算要配置多少人力在這裡？一切都還屬未知。我們不是去開空頭支票，也表明暫時還不能做出承諾，只是表示有投資意願，一切要評估之後才能確定，但對方就已經奉你爲上賓。

因爲貫徹吸引外資的一致政策，同時務實地做到完整的配套措施，愛爾蘭從一個需要靠借貸解決財務危機的國家，就這樣在互聯網時代彎道超車，一躍成爲舉世公認的「歐洲矽谷」。想要成爲「亞洲矽谷」的臺灣，也必須要像愛爾蘭這樣做出積極的招商和引資，才有可能眞的實現願景。

至於新加坡，他們主管外資事務的經濟發展局（Economic Development Board，EDB）全數是單一窗口，不管哪一個國家的資本，都歡迎進駐，給予外籍工作人才禮遇和方便，一般都能在短短四個月內拿到工作身分，銀行帳戶、住宿問題也全都解決。

最令我印象深刻的一件事，就是他們的單一負責窗口對於事先準備工作的投入程度，譬如你來新加坡考察是否要投資，你先前做過什麼事，說過什麼話，有什麼經歷和背景，他們都已經查得一清二楚。

就像有一次我到新加坡考察，來接待我的單一窗口就在聊天寒暄時告訴我，他看過全部我寫過的專欄文章，還點出他特別喜歡我寫的哪一篇文章。我當場嚇一跳，雖然新加坡相較於愛爾蘭是完全沒有語言的隔閡，這讓他們比較容易對我這樣的華語投資人進行調查，但新加坡的政府官員爲了招商所照顧到的細節，以及爲了吸引外資進駐所下的苦功，從宏觀的政策面到微觀的個人層面都準備得十分紮實和週到。

反觀臺灣在縣市級的產發局，或是中央部會的投審會，這些主管機關的承辦人員，在面對潛在的外來投資企業時，恐怕不容易做到像新加坡經發局這些專責窗口的程度，對於細節的追求和展現出來的力道，確實仍存有落差。

臺灣在引進外資及海外人才的基礎法規和行政建設仍有待加強，究竟從國外來的工作者該怎麼安家落戶？這些人來臺工作之後，他們的小孩要如何就學？適用什麼樣的醫療保險和體制？是否有相關的補助措施或是獎勵條件？接下來他們又要待滿多少年才能夠取得居留權？又有多少年可以讓人取得歸化資格？這些都是要先思考並且配套好的條件。

就像之前香港來的移民人數一度高漲，結果後來是雪崩式跌落，就是因爲他們來到臺灣之後，發現這裡沒有讓他們落地生根的充分條件和良好環境，還受到種種限制，最終只能選擇回去香港或另覓他鄉。

相較於新加坡，爲了吸引外資及海外人才，相關法規和限制是愈來愈寬鬆，但臺灣的制度卻是隨著兩岸緊張情勢的升高而愈來愈嚴謹。至於臺灣爲什麼遲遲無法鬆綁這些法規？除了內部政治對立、兩岸情勢緊張之外，也因爲臺灣的公務員體系就是一個沒有KPI的系統，所以無法讓負責招商引資的相關承辦人員產生積極的心態。既然是拿同樣的薪水辦事，考核的重點也不明確，那麼就多一事不如少一事。

相對的，新加坡就是以企業化方式來經營政府，國家的公務員都比照一般企業的組織結構給予職稱和敍薪，而每一個部會和每一個公務員都有明確的KPI要達成，比如今年的招商目標就是要發出多少數量的簽證。而視投資外商的背景和需求，新加坡的兩個相關部會，包括經濟發展局（Economic Development Board, EDB）和金融管理局（Monetary Authority of Singapore, MAS）很可能都會來一起幫忙。在重視績效表現的文化及氛圍之下，兩方都會盡心協助，哪管美資、陸資還是臺資，鋪紅毯讓資金和人才進來之後，常常還會提醒廠商說：「記得我有幫你，到時候的業績要算在我這裡。」

新加坡使用單一窗口，去做公務部門和外資企業之間的溝通橋樑，因爲吸引外資和延攬僱用外國專業人才的工作，本身就是一個關係龐大的政策架構。

想像一下，來臺投資的企業和來臺工作的人，在離開他們自己熟悉的國家，來到臺灣之後會面臨到什麼困難？他們會有什麼樣的生活需求？又會需要什麼樣的協助？光是從企業的角度和從個人的角度所發展出來的政策規畫思維就完全不同，但這些針對企業和個人的相關規定又必須彼此相輔相成。

舉一個例子，外國學生來臺就讀，在畢業之後留在臺灣工作，這就是一條吸納海外人才的最佳管道。不只是這些學生對於臺灣已經有一定的熟悉度和感情，也因爲他們在語言和文化上更容易爲臺灣的企業提供國際化和多元化的幫助。

外資和外國人才來臺所要面對的各種生活上的細節，主管業務部會得要從國安、國防、內政、外交，再到教育和衛生福利等機關進行跨部會的串聯，中央到地方也必須做好相互的配套及設計，才能夠全方面地照顧到這些來臺投資和工作的外資企業及外國人才。

更重要的，臺灣的法規不是只求平穩無事就好，還得要和其他國家及地區競爭，讓相關部會和產業有能力提出更吸引外資和外國人才的條件，這才是相關法規設計的重點。

臺灣是一個海島，雖然小於愛爾蘭但大於新加坡，在如此缺乏自然資源又極度依賴外來投資的情勢之下，無論是從戰略發展和經濟邏輯來看，都必須要像愛爾蘭和新加坡那樣大幅提高開放程度，才是最合理的規畫方向。

我相信臺灣的政府一樣有在努力做事，但從全臺許多公設的新創園區來看，很多都不具備足夠的條件來吸引外資企業和新創產業進駐創業，因爲新創園區若是不設在都會區，而是設在郊區，光是區位上的不便，就足以讓園區空轉，讓入駐的廠商受傷。

政府對於國內的新創確實有著許多德政和美意，像國發基金一百億投資到新創，從中央到縣市政府也有提供多種補助，但經常發生成效不彰的問題。像是臺北市就業服務處轄下的「臺北青年職涯發展中心」（TYS），在十年間花費1.75億元委外經營，中心裡還設有「創業發想平臺」來幫助臺灣的年輕人創業，但是根據2023年四月自由時報的報導，此一中心已被臺北市議員質疑淪爲蚊子館。所謂的「創業發想平臺空間」只有一張桌子和數張椅子，而且已經長達八個月使用率掛零。總體占地千坪的職涯發展中心，即使在週末也只有寥寥可數的青年前來接受諮詢。像這樣的政策還有很多，雖然出發點良善，但後續執行力並不突出，對於創業的幫助也有限。

甚至臺灣後來許多新創園區的設立，都是想要藉由新創之名來活化現有的各種蚊子館。然而，這些受邀進駐園區的創業團隊，很多都只有在剪綵當天才會出現。對他們來說，反正是免費無償使用，現場掛上辦公室的招牌之後就算了事，未來也不會在這裡實際辦公。

這樣的做法所推動出來的新創生態圈並不能夠稱之爲「共享經濟」，政府這樣利用新創產業去活化蚊子館，也不能創造出一石二鳥的綜效，不但沒有幫助新創產業，反而誤導了新創業者。有些人爲了省租金，決定前往這些地處偏遠的園區設立辦公室，實際開業之後發現交通實在不便，不只投資人和客戶卻步，公司員工來市區開會的交通成本又高，最終對公司的營運造成致命的打擊。若是大多數入駐的公司都面對到一樣的問題，最後不得不搬遷，那整個新創園區也很快就會難以爲繼。

像我經營的可喜空間就開在臺南市東區，隔壁就是南紡時代百貨和老爺行旅，例如來自香港的新創Meshub，當初創辦人王家健因爲娶了臺灣太太而打算在臺灣創業，在尋找辦公室地點的時候，考慮是否要設在可喜空間。同時間政府所扶植的加速器也一樣邀請他，但地點是在歸仁，在比較區位之後，王家健選擇了在臺南市的可喜空間落腳。

政府雖然有拿出實際的行動，提供廠商辦公空間的地點選擇，但若沒有能夠站在新創業者的角度去思考及規劃，就很難眞正地幫助到新創業者。就連面對國內的新創業者，都無法有效地說服他們入駐了，更何況是想要吸引海外企業進入臺灣？

臺灣政府必須站在海外人才和外資企業的角度來思考，若是政策對於海外人才沒有足夠的誘因和協助，對於他們的家庭成員也沒有相關配套措施，這樣不只很難吸引到海外人才，也很難帶進外資企業。另外，相對於愛爾蘭和新加坡都是抱持著「先進來再審」的積極招商態度，臺灣對外資企業卻是「先審完才能進來」：先核對資料，符合一切條件無誤之後才會開放入境。兩相比較之下，臺灣對於外資的吸引力確實偏弱。

臺灣確實也有針對外國人才的利多政策，像是《外國專業人才延攬及僱用法》，就是我們用來強化招徠海外人才力道的政策依據。根據這項辦法，從世界頂尖大學畢業之後來臺工作的外國專業人才，本身無須具備兩年以上的工作經驗，相關租稅優惠的適用年限由3年延長至5年等等。但和愛爾蘭、新加坡等地相較，臺灣的相關政策與法規範還有很大的改善空間。

【提問2】

臺灣是一個重視平等自由的地方，願意接納有相同理念的外來移民。就像之前臺灣撐香港，讓香港人能夠順利移居臺灣，並且來臺投資，不就是一項對海外人才和外資友善的作爲嗎？

臺灣無力撐香港：對外資及海外人才不夠友善的一個縮影

2019年香港開始進入內部政治的強力暴風圈，影響所及，很多香港人決定前來臺灣，並且申請定居。臺灣陸委會也在2020年正式制訂了「香港人道援助專案」，並設立了專責辦公室來協助有需要的香港人。根據內政部移民署的數字，2019年獲居留許可的香港人有5,858人，到了2021年已經跳升到11,173人；而2019年獲定居許可的香港人有1,474人，到了2021年則是1,685人，人數一路走高。

然而，根據2022年一月BBC新聞的報導，臺灣在撐香港的民意熱潮逐漸褪去之後，陸委會似乎開始收緊了對香港人定居申請的相關規定，像是原爲大陸地區人民的港澳居民，後來都不能夠申請定居許可。和以往的規定相較，在大陸出生的港澳居民原本只需要註銷大陸戶籍，並且在海外居滿四年之後，就可以滿足投資移民的條件，現在卻是增加了新的限制和規定。原本只要一年就可申請定居，香港人卻被要求在臺灣需住滿二到五年。

該報導中說，在審查的要求上，申請人現在需要塡寫完整的就業資料，若是有在香港政府部門的工作經歷更是一定要申報，並且說明自己過去是否曾經簽署過宣誓擁護《基本法》和效忠香港政府的相關文件。而過去這些申請案都是由內政部移民署單一機關來負責處理及審查，後來卻需要經過跨部門的聯合審查才能決定是否通過。

BBC的新聞報導中也提到，很多香港人因爲是在大陸出生，所以在臺灣申請居留時遭到拒絕。就算是在香港出生的香港人，如果曾經任職香港政府，或是曾在陸資公司工作，也有可能被視爲有「國安風險」，或是有「危害國家利益、公共安全、公共秩序或從事恐怖活動之虞」。

先前很多的臺灣政治人物因爲公開聲援香港而贏得了選票，「臺灣撐香港」的這些聲明和表態，也讓許多香港人期待自己能夠順利入籍臺灣，但隨著臺灣對香港人申請定居的規定出現變化，這種種的不確定性和限制，已經讓許多香港人決定要重回香港或是改爲前往英國。因爲相形之下，英國對於外來移民的規定十分清楚，只要住滿六年就能入籍，也沒有排除在大陸出生的申請者，對於這些香港人來說友善許多。

臺灣政府雖然是依法行政，一切作爲都是根據《香港澳門居民進入臺灣地區及居留定居許可辦法》的相關規定辦理審查，也是爲了保護臺灣的安全而設下相關的限制，或是想要杜絕「假投資、眞移民」的不當情況而必須做出更明確的查核，但這些政策作爲卻可能會對來自香港的外資和海外人才產生阻絕的心理效果。

根據BBC新聞的報導，臺灣陸委會表示香港人申請移居臺灣失敗的比例非常低，政府機關拒絕的理由是要保護臺灣的安全，而且這些案例會由相關部會依照實際的情況作出個別的處分，如果沒有國安疑慮，即會給予申請人居留或定居許可。

這一切原因聽起來似乎非常合理，然而這又展現出了臺灣對於外資和人才存在著相對被動的基本態度。若從「主動吸引投資」的積極角度來看，目前臺灣的整個氛圍和相關制度設計，並無助於帶來更多海外資金和人才，香港移民的例子也成爲一個臺灣對外資和外來人才不夠友善的縮影。

【提問3】

看來臺灣並沒有對外資和海外人才採取積極的吸納作爲，在這樣的情況之下，是否有其他的方式來改變現狀呢？

海外人才雙軌制之一：外籍人才

在引進海外人才的基本條件上，如果政府的大框架不改，企業端能做的其實相對有限。一家公司若要引進一位外國員工，不只資本額要夠，還要提出證明說這一份是臺灣員工做不了的工作，所以要引進外籍員工，即使一切條件俱全，實際在辦理的過程中也是困難重重。

對於一個新創品牌來說，最好就是廣納各國人才，共同激盪出全球化的題目和與衆不同的創意，但現實是新創品牌既沒有足夠的資本額，也還沒有實際的營業額，在引用外國人才這條路上可說是一條死巷。

相對地，美國矽谷的新創就能受惠於多元的國內外人才組成結構，除了美國本身就是一個移民國家，對特定移民也有友善的政策之外，美國的高等教育體系吸引了世界各地的學生前來就學，畢業之後也能受惠於政策而留下來在美國工作。

反觀臺灣的外國留學生就相對較少，這也讓臺灣本地學生很少有機會接觸到外國同學。而這些外國留學生畢業之後，即使想要留下來工作，既沒有強大的獎勵誘因，也沒有明確的路徑可走。既然臺灣沒有就業的出路，一開始也就沒有足夠的拉力吸引外國人來臺就學，這樣的移民政策、教育政策和經濟發展政策相互扞格，讓臺灣的高等教育機構找不到足夠的國際學生，臺灣的企業也因此吸收不到出色的外國人才。

臺灣的法規條件和外在環境對於外資和海外人才如此不利，面對此一現況，臺灣企業若是想要透過引進海外人才來強化執行力和競爭力，現階段就必須要雙軌並行，也就是外籍人才和海歸人才同步晉用。

外籍人才是指所有非臺灣籍的工作者，至於海歸人才則是出外留學或是工作之後重回本地職場的臺灣人。這兩種海外人才的性質並不相同，取用的角度也不一樣，若是能夠並用，對於企業和組織將有不小的助力。

以外籍人才來說，其實臺灣職場已經有許多來自香港的傑出人才，一直以來臺港關係密切，原本香港人就是臺灣海外人才的主要來源之一。中間經過了香港人大舉移居臺灣的風潮，無論熱潮是否已經褪去，香港人才在臺灣新創產業圈仍扮演著重要的角色。

像是TaxiGO的陳泰成和Meshub的王家健都是來自香港的海外人才。

臺灣除了法律規範之外，先前企業文化的限制也造成晉用海外人才的阻力。舉個例子來說，HTC在易利信快要結束手機業務的時候，趁機請來了一批易利信的外籍高階主管，希望藉由海外人才的成熟經驗，幫助HTC快速發展。

然而，我幾次親訪新店總部去和這些外籍高管們聊天，我發現言談之中，光是HTC爲何遠渡重洋地把他們從歐洲給請來臺灣，每個人的說法就都不一致。至於請他們來之後，他們究竟要幹什麼？實際工作要求是什麼？想要達成的品牌目標又是什麼？彼此的說法都不相同，甚至和公司的認知有不小的出入。果然才不到兩年，這一批外籍主管就幾乎全數走人了。

從這個例子，就可以看得出來召募海外人才是一回事，該如何使用他們又是另外一回事。召募和使用上的差別，就在於彼此的溝通，是否能找出實際執行時的最有效方案。

以我在味全龍時的經驗，其實外職球員和外籍教練一直都是影響球隊戰力的關鍵因素。洋將找得好，就能夠制霸聯盟，外籍教練使用得當，也能導入不一樣的執教風格，幫助球隊成長。

像是日籍球星川崎宗則和日籍教練高須洋介，就是味全龍創隊初期的重要戰力拼圖。之所以會想到川崎宗則，是因爲我以前就是他的球迷，在打野球魂電動的時候也很喜歡用他來比賽。對我來說，擁有美日經驗的川崎就像是日本的張泰山，個性隨和又很搞笑，很能夠和球迷打成一片。他是一個很注意個人品牌，也注重個人保養的成熟球星，也因此他原本就有很多日本廠商的廣告代言。

爲了評估他是否適合新軍味全龍，我們的團隊對川崎做了很多研究，對於他個人來說，他一直就是球隊裡的長青樹，無論是在軟體銀行鷹隊或是日本國家隊都是，不僅形象良好，而且自律甚嚴，無論球技和體能都保持巔峰狀態，先前赴美爲了拚上大聯盟，也是展現出盡責敬業的日本職人精神。

那時我是用英文面試川崎，我們必須了解他來臺的意願和他個人的相關職涯規劃。而高須則是在臺灣面試，透過我姊姊的一個日本鄰居當做面試時的翻譯。與川崎相較，我問高須的問題就比較著重在教練養成的層面，像是你怎麼看待年輕球員？對於臺灣職棒環境和實力的看法如何？過去你有什麼樣的經歷讓你可以成爲一個出色的教練？

這兩人的個性天差地別，高須成熟穩重，川崎活潑搞笑。而當時的味全龍需要聲量和焦點，爲了替二軍造勢，並且創造話題來事先熱身，藉以奠定球隊早期的球迷基礎，所以我們提前了八個月去請到川崎宗則這樣的一位日籍大球星。

那算是天時地利人和，正好川崎的生涯出現了雙方可以合作的時機，而過去他在美日職棒的經驗，對於當時以高中畢業球員爲主體的年輕龍隊來說會有幫助，尤其川崎是大聯盟等級的老資格球員，對於年輕一輩的球員來說更有引導的助力。

而在場外，我也善用川崎的名氣和形象爲味全龍造勢，不只爲他設計活動，辦加盟記者會，也參考他在日本代言福岡銀行的模式，讓他在臺灣接了瑞穗銀行的內部年度活動。當時川崎一現身就全場轟動，他上去又能演講，又能抛送簽名球互動。由於川崎是這樣一位日本的國民英雄，和鈴木一朗也是好朋友，有他在隊，對於尋求日商贊助就有很大的幫助。

海外人才雙軌制之二：海歸人才

臺灣人才何時才能從海外回流？我認爲在他們出去看了世界之後，就更有能力回到臺灣來貢獻所長。

《時代雜誌》曾經有一篇〈臺灣人才嚴重外流，中國受益〉（Taiwan Is Suffering From a Massive Brain Drain and the Main Beneficiary is China）的報導，文中提到牛津經濟研究院的預測，到了2021年臺灣將有全球最大的人才缺口，無論是創業或是就業，海外市場對臺灣人才的磁吸效應幾乎是不可逆的。臺灣人才的外流逐漸變成全面性的現象，不只年齡層不斷降低，而且從白領到藍領、從求職到求學的人都有。乍看之下，伴隨人才外流而來的問題，是本地企業不容易搶到一流的畢業生，這群主力消費者不在臺灣生活，也可能造成整體內需市場的萎縮和稅捐短少，甚至長期的資金外移等等不利的影響。

然而，若是從正面來思考，我認爲臺灣年輕人有心旅外才是一件對臺灣經濟發展最有利的好事，這樣未來他們才有可能成爲海歸人才，回到臺灣來提升本土的就業環境和經濟發展。如同前一章所說，臺灣年輕人應該要積極出國尋求認知的升級。而臺灣出口依存度高，在出口市場從美國轉爲大陸之後，離開臺灣去大陸工作成爲常態，但想要追逐下一波全球化潮流，就得打開更廣的視角和觸角。

以前四、五年級生曾經爭相出國，中小企業走遍天下，協助締造臺灣的經濟奇蹟。而我常常在各種場合呼籲「拒絕小確幸、離開舒適圈」，就是想要推動更多年輕人離鄉背井去挑戰自己。不過，過去的前輩們去的地方主要是歐美國家，而當今的新生代則擁有更多的新選擇。

我在雪豹時期帶出了很多願意旅外發展的臺灣年輕人，像是林芳妤在隨著公司到全世界開過眼界之後，就此離開井底，開始用更宏觀的角度看待工作舞臺、學習曲線和產業選擇。當她發現東南亞新興國家在互聯網起飛之後，各方面都是以倍數成長，即使不是許多臺灣人才旅外的首選之地，她仍決定前往印尼，擔任直播軟體《live.me》的印尼Country Manager。身為臺灣新南向政策的新血輪，在參與過印尼這個有著上億人口市場的互聯網化歷程之後，林芳妤未來就有機會成為海歸人才，回到臺灣幫助產業進行數位轉型。

臺灣人才若能走出去，挑戰更高的殿堂，吸收更新的知識與技術，並且與全世界人才競爭，這對年輕人來說將是無可取代的寶貴經驗。而這十年的「旅外」，若帶來下一個十年的「返鄉」，也將有助於臺灣的整體環境。

除了互聯網產業，職棒產業也同樣能受惠於海歸人才。旅外球員能夠回到臺灣打球，對於中職的人氣和票房都會有直接的幫助，像是王維中這樣曾經旅美又打過韓國職棒的球星，就為味全龍這樣的新軍創造出了強大的球迷吸引力。

另外像是味全龍在2020年季中選秀會上在第六順位選進的廖任磊，也曾經打過美職匹茲堡海盜隊的小聯盟體系，並且在2016年日本職棒選秀會上被讀賣巨人隊以第七指名選中。除了巨人之外，他也曾加入西武獅。擁有201公分的身材優勢和球速的廖任磊，除了有美日職棒的旅外資歷之外，他在成長的過程中也有海外留學的經驗。他從高中就前往日本求學，在共生高中念了三年，這也是當年為何他能夠參加日職選秀的原因。而像廖任磊這樣的新世代球員，從求學到養成所走的海外路徑也與先前的旅外前輩不同，也為臺灣球員開拓了一條新道路。

在球員之外，當時我在味全龍領隊期間，一心想要導入科技棒球。而借重林麒仁這樣精熟資訊工程，並且曾在甲骨文公司工作的高階科技人才，確實能夠快速地讓味全龍打出新科技、新高度和新亮點。

那時味全龍所使用的兩項科技設備包括Trackman及Rapsodo，在主場和農場都有一套，這樣的配置讓球隊和教練團能夠追蹤球員相關表現數據，但在裝設、調整、分析及判讀資料上，都需要專業人才和觀念。林麒仁因為長期在美國工作，對棒球又有熱情和專業知識，能夠有他回歸臺灣來為味全龍服務，確實是味全龍得以快速導入科技棒球觀念的主因。他不只有國外經驗，也有本地的語言優勢，這讓他成為完美的海歸人才首選。

無論是非臺灣籍的外籍人才，還是出外留學或是工作之後重回本地職場的海歸人才，這兩種不同性質的海外人才，都有特殊的取用角度，在味全龍建隊初期，能夠並用這兩種人才，確實對於球隊和球員們的幫助很大。但不只是職棒產業，在新創產業和其他產業界也是如此。

臺灣確實需要公部門放寬不必要限制，並以有利於外資企業和外籍人才的配套措施來持續吸引外資進駐和海外人才的加入。而企業本身在運用這兩種不同的海外人才時，也應該雙軌並行，同時根據產業的情況以及組織的需要來做調整，試著創造出彼此加乘的最佳綜效。

Password 10. 功不唐捐

內容摘要：從父親最愛的一句話，看到這一切的過程都不白費

【提問】

人生，本來就有很多事情是徒勞無功的啊！

既然如此，是否省事一點，一開始就不要花時間去努力呢？

在終點發現的起點

「功不唐捐」，是我的父親——大法官吳庚生前最常給人題字的一句話。

他突然撒手人寰，留下了無盡悲傷的我，還有眾多後輩對他栽培的感念。當我整理他的手稿與照片時，看到了父親生前對臺灣民主憲政做出的貢獻，而現今遍布在臺灣政法界的許多人才，也都是他在大學、律師、司法官訓練所的學生，他們對於他的人格和典範，有著無限的推崇。而我也是在這個過程當中，集網友之力，才知道父親從事教學

工作四十年來，最常用「功不唐捐」這句話來鼓勵後輩。

梁實秋把這句話當做他的座右銘，他曾回憶說那是有一天在和胡適聊天的時候，胡適忽然寫出來的四個字。當時梁實秋覺得「唐捐」兩字難懂，胡適則解釋這話是出自佛經，意思是白白地浪費掉了。所謂的「功不唐捐」，其意就是「但凡努力下功夫，這份功夫就決不會白白浪費」。

在這個年代，我們經常聽到一夕暴紅的故事，酸民會說是運氣，但其實哪個成功人士不是十年磨一劍？李安從藝專畢業，流浪美國端盤子，仔細觀察不同文化交雜衝突的社會邊緣現象之後，才能拍出著名的「父親三部曲」；雷軍在金山軟件浮沉多年，即使推出小米之前無人看好，最後也靠著先前的這份堅持和努力而得以絕處逢生。

而我身邊的朋友當中也有一樣的例子，朱語萱大學時代念的是臺北教育大學心理諮商系，但後來完全沒有走上心理諮商師這條路。她先從擔任可喜空間的咖啡師開始，在空間中創造出各式的氛圍，來服務不同造訪者的各種心情。後來她轉往設計領域，成爲一名充滿豐富情感的視覺設計師。目前27歲的她，進入了露天市集擔任專案行銷，而從新創產業到大企業，朱語萱接受不一樣的挑戰，按下人生的快轉鍵，不斷地創造自己的斜槓履歷，也讓她找到更多可能。

朱語萱沒有去當心理諮商師，當年大學時代苦讀心理的用功看似白白浪費了，但在她轉換職涯路線的過程之中，她在心理諮商領域所下的功夫依然發揮著關鍵的作用。學生時代的諮商訓練，讓她學得了換位思考的技巧，更能從別人的角度去看待事情，而不是只以自己的既有觀念做爲唯一的主軸。因此她在職場上更容易和團隊成員相處，在工作上也更能提出令消費者有共鳴的想法。她曾說：「帶著諮商的眼睛走入不同的世界，讓自己持續學習新技能，交織出只屬於自己的獨特風格。」這樣的背景，不只爲朱語萱贏得肯定，也讓她與其他競爭者不同。

在成功的道路上，很多事情並不是像「種瓜得瓜」那麼理所當然，有的時候種瓜會先得別的水果，但繞了一圈，瓜也會冒出來，「有心栽花花不發，無心插柳柳成蔭」是常有的事情。我遇過有些年輕人天資聰穎、學歷優秀，但無法忍受重複性的任務，或是動不動揚言要換工作、抑或是抱怨大環境，我常說他們拿了「一手好牌」，好比玩大老二牌局，手上連拿四張二，但一開始就急著把這四張打掉，沒有耐心跟對手磨到最後。有些事情，在年輕的時候不會明白爲什麼要做這些努力、學習這些知識，但最後才會發現，只要曾經努力下過功夫，這份功夫就不會白白浪費，總會在未來的某一個時間點發揮作用。

就像我自己，有人認爲我在前面的工作和創業經驗之後，不該去做職棒領隊，該直接去做創投。好像我浪費了職棒領隊的那兩年，但我認爲做創投就是在選擇適合的新創團隊來投資，這就像是球探在尋找適合的球員，需要蒐集足夠的資料，做出徹底的觀察和評估一樣（scouting）；投資了新創團隊之後，接著要想辦法讓這些團隊繼續成長，這就像選到的球員入隊之後，還需要投注更多幫助球員們發展其潛能的智慧（coaching）；而要讓新創團隊眞正地成爲能夠永續經營的百年企業，就像是讓入隊球員能夠一路發展成爲一代球星，更加需要策略化的管理（managing）。我先前的領隊經驗，讓我對未來的創投生涯有了更深一層的認知，也幫助了我更能夠做出正確的決定。

由此看來，父親的題字用之於今天還是絲毫不錯。

而我在父親生命的終點，才發現他從一開始就一直有著這個觀念。原來，他之所以想要透過題字把這樣的觀念傳遞給眾多後輩，就是希望他們能夠抱持著「功不唐捐」的信念去努力，讓他們的人生能就此設下成功的起點。

回頭去看，一切努力都不白費

在我寫這本書的過程當中，因爲不斷地回想過去的經驗，持續地整理自己的想法，我也才發現，無論是我自己還是身邊與我一起共事的夥伴，大家過往的一切努力都不會白費。

在職涯的道路上，我始終背負著「從零到一」的十字架，也總是在十字路口轉彎去走更困難的道路。乍看之下，我好像放棄了先前努力的一切，其實我知道，這個在十字路口的轉彎，並不是一百八十度的迴轉，我並沒有走回頭路，也沒有反其道而行，而是在現有的發展路線之上，創造出了一個不同的方向，能讓我的職涯再度往上加值。我的一切努力並沒有因此白費，是它讓我有能力在十字路口轉彎。

創業正是要走過「從零到一」的過程，在人們能夠看到你的成功之前，得在別人看不到的地方有著一步一腳印的累積。就像是平地起高樓，人家只能從外觀看得到宏偉的高樓，卻看不到當初往下打地基的準備工作。另外，即使你非常努力，創業還是有可能會失敗，並非每一次的「從零到一」都能夠打開成功的局面，但以我個人的經驗發現，曾經的付出總會在未來不可知的地方，帶來更多預想之外的可能。

就像許多人問我，當我做為高階主管的角色做出決策，或是處在團隊領導者的位置上做出選擇時，爲何總是要堅持「利他思維」？我的答案也是一樣。這樣的利他付出，不見得會有一比一的回報，我也並不是爲了獲得對方的回報而做出利他的決定。

在我自己的職涯過程當中，我對別人的付出不只一次被辜負，我會因此而受到負面情緒的打擊，並懷疑自己爲什麼每一次都會決定要做利他的選擇？就像泰戈爾所說的：

「夜把花悄悄地開放了，卻讓白日去領受謝詞。」但我也發現自己會因爲利他而得到眞正的快樂，光是這一點就值得了。更何況我還經常因爲利他的決定而領受到意外的美好，甚至幫助了我自己的職涯發展。

舉個例子，當我進入了創投領域之後，因爲過去利他而幫助過不同的創業者、企業、品牌和商品，讓我得以發揮了所有人生閱歷的綜效（synergy）：從就業，到創業，再到天使投資來協助他人創業，這一連串的升級經歷，讓我在創投的角色上有效地統合我所有的能力、經驗和人際網路，還因爲我一直有著想要幫助新創的熱血衝勁，再加上我曾橫跨各種不同產業的斜槓履歷，我可以很快地了解不同的新創題目，同時創造出彼此互利的多邊合作。我的「利他思維」不只讓我獲得了不同的優勢和能量，也在工作過程當中讓合作團隊更容易成功。

除了利他思維之外，同時也透過「通才與斜槓」創造出人生的履歷，因而在職場上更具競爭力，正是因爲這些具有斜槓能力的通才們當初並不去斤斤計較得失，而是跟隨著自己的興趣和熱情不斷地前進、跳躍和跨越各種阻礙，後來才會發現自己過去的種種努力原來都不會白白浪費。

即使是受到「產學落差」衝擊的學生也是一樣，當他們注意到自己在學校學的東西，到了產業界都用不到，一開始會覺得先前在學校的那些日子好像全是徒勞無功的在浪費時間，但他們很快就會發現，如果自己能夠有辦法從不同的管道習得所需的能力，而不再是被動地依賴學校這樣的教育體系餵養而成長，那麼他們進入企業之後仍舊有可能持續大幅度的進步。而之前在學校如果就有養成努力的心態，後來這些人習得全新工作技能所需的時間就更能縮短，先前在校的累積依舊對他們的職涯發展有所幫助。

我一直相信，通才與斜槓是這個時代最需要的人才及背景，所以我也朝著這樣的方向去累積。到了今天，我已經橫跨商界／投資界／科技界／教育界／棒球界，而履歷表上的每一道斜槓，未來都有可能成爲我手中的槓桿，幫助我打開未知的大門，或是扛起阻擋在我面前的大石頭。

長久待在科技及新創產業的我，就是因爲這樣的斜槓累積才得以成爲味全龍領隊，而球界的經驗讓我有了另一層全新的跨界履歷，也爲我帶來新的挑戰。確實，一開始進入傳統產業服務時，我受到了很大的文化衝擊，畢竟科技產業和傳統產業在產品特性上確實有所不同。許多科技產業是根據已知的資訊，積極地創造出全新的產品或服務，來獲得競爭上的優勢；而大部分的傳統產業是依照先前的經驗，持續控制生產的過程，讓產品的品質能夠保持穩定。所以，科技產業的管理者會傾向讓團隊有更多發揮個人創意的空間，增加新想法出現的可能性；而傳統產業的管理者則是多半擅長於掌控細節，減少團隊出錯的可能性。交揉運用這兩種管理思維，讓我能夠在味全龍時期完成複雜的加盟過程，並導入科技棒球和創新管理。

在味全龍時期，我個人跟著球隊完成了一次「從零到一」的建隊過程，這是我人生當中最有挑戰性的一次嘗試。因爲味全龍要在半年之內從無到有，變成一個具有兩百人規模的組織，這在一般新創企業要花好幾年才能完成，但在廣大球迷的期待之下，其過程必須被壓縮，而且結果只許成功。我自己也是第一次在這樣的情況下，帶領著團隊把球隊給建立起來。我把過往在互聯網業界做CEO所養成的溝通習慣帶入團隊之中，讓團隊成員展現出足夠的速度和準度，才能把整體的執行力給徹底發揮出來，準時而順利地達成目標。

而先前在互聯網產業所學到的「創新」理念，也讓我得以應用在球隊的經營之中。「創新」的理念，就是「用已知來創造未知」，在新創產業之中，每一個創業的構想都是根據現有的技術、需求、條件及環境，來進一步創造出這個市場上未曾出現過的新產品或新服務。運用更多新科技來運作這支新球隊，無論是球員訓練、行銷設計、球迷經營、球場管理還是戰力編成，都能收到全新的效果。這些新科技的運用，也都是根據已知的資訊，來創造出不同的執行方法。

另外，我也是在寫書的過程中才發現，原來自己十四歲時看的第一場球賽，就是味全龍的比賽。一直以來我熱愛棒球，有能力之後就持續贊助棒球，領隊前如是，領隊後也如是，十年如一日。參與棒球、幫助臺灣職業運動環境有很多方式，每一天我都在實踐。回想自己年輕的時候，我才發現那時的經歷已然爲我設定了人生故事的起點。如果年輕人能夠用空杯的心態去看待周遭的世界，提早開始認知升級，不斷地試錯去找到自己想要走的道路，就等於是按下了人生的快轉鍵，更快地取得超前的領先。

像我自己，就是不斷地試錯。從小父親就不希望我念法政而要我去念理組，沒想到我高中畢業時居然跨考上了政治系。我雖然沒有因爲念了政治系而從政，大學畢業後又走回了父親原本爲我規劃好的生涯路徑，出國念了資管碩士之後去當一個軟體工程師，但走過這一遭的經歷，對我人生的意義和影響已完全不同。後來的我不是只做一個上班族，而是自己創業，一路展開冒險的斜槓人生。我所經歷過的求學過程，就和我所經歷的職場轉換一樣，都爲我加添了新的可能性。雖然職涯初期是做軟體工程師，但我念政治系的訓練並沒有白忙一場，四年在學生會工作的經驗讓我獲得了初步的管理概念，後來才能在升上小主管之後帶領團隊行銷商品。

從年輕到現在，我所經歷過的這一切，也都給我一種「緣分」的感覺。學生時期的我會遇到什麼人、看到什麼事、進入什麼學校，這些似乎都有一種巧合。而到了職場之上，無論是遇到什麼老闆、獲得什麼職務、走入什麼產業，依舊是一種純粹的緣分。然而，我也認知到這樣的緣分不是完全自然而隨機地發生，而是有個人努力的成分在裡面。緣分有好有壞，有驚奇也有意外。雖然努力不見得會讓好的緣分發生，或是讓人躲掉不好的緣分，但是如果不去努力，就不會知道結果。而這樣的努力，也同樣不會白費。

像是當年我有緣在BenQ協助西門子合併案，雖然最後合併沒有成功，但我在德國慕尼黑受到了衝擊，看到西門子如何管理一家國際級的公司，運用各國的人才來發展國際品牌，那時從中得到的經驗，深深印在我30歲的心裡，後來讓我在雪豹時期往外擴展，促成20多個國際公司的合作，開展出臺灣新創企業該如何走出海外市場的新道路，也才能協助招徠海外的人才來爲臺灣企業服務。

不只是職務和工作上的緣分，我和好多人之間的緣分也是如此。之前在味全龍工作時認識的陳香縈，原本是在嘉義市工策會擔任總幹事，說得上是市府小內閣成員，後來進入我創辦的可喜空間工作，而可喜空間的另一位創辦人和前執行長廖嘉翎則是我父親的學生，我早期在惠普工作時的同事賴永純常與我互動交流，目前也在Web 3.0創業有成。我所做的許多事情初衷都很單純，之後卻會帶來想像不到的緣分。像是我因爲大學念政治系時長期在學生會工作，後來在美國念完研究所之後就習慣性接下臺灣校友會長，我只是出於熱心想要這麼做，從沒想到會因此遇上學弟林麒仁，幫助我完成味全龍的科技棒球理念，我也才發現原來我想做的事情會創造出許多意料之外的相遇。像是廖小安和我從雪豹時期就開始相互合作，她常常是不計較回報地先幫忙再說，後來不只是我和其他廠商能夠用代言的酬勞來回報她的付出，她自己也隨之成就了自己全新的個人職涯。

這樣彼此互利互助的故事太多了，就像在我們共享辦公室裡一起打拚新事業的創業者們長大了之後，無論在生意上和關係上都有可能會反哺，而他們在新創品牌之間，也會彼此合縱連橫創造出新的發展局勢。我喜歡在我個人的關係網絡裡去串聯出各種不同的連結，即使別人看來我是多管閒事，但我發現這麼做，總是會創造出意料之外的火花。

總結這些人生的過程和經歷，讓我覺得沒有緣分是白費的。即使是種楊樹，得柳樹，仍會蔚爲一片美好的蔥綠河岸。

新創的精神：父親最愛的一首詩

千錘百鍊出深山，烈火燃燒若等閒
粉身碎骨都不惜，要留清白在人間

我是在爲父親拍攝《懷念永遠的吳庚老師》這部回憶紀錄短片時，看到少數父親生前受訪時留下的影像資料，其中他引用明朝兵部侍郎于謙的一首七言絕句〈石灰吟〉，來說明司法官的養成過程和風骨的重要性。

他說，用來刷牆壁的石灰，原料要經過千錘百鍊才能從深山開採出來，就像在臺灣能夠考上司法官的人，也是經過千錘百鍊的過程，而當上司法官之後，接下來要承受烈火燃燒的試鍊和挑戰，即使最後粉身碎骨都沒有關係，只求能夠在人間留下清白的名聲。

我雖然不像父親一樣走上司法官的道路，但父親最愛的這首〈石灰吟〉，對我卻有另一層全新的解讀方式。

石灰是日常生活裡到處可見的東西，但是在一開始，它的原料藏在深山裡，不爲人所知。爲了要把它拿出來，必須經過一段漫長的尋找，而在努力開採時，得通過一連串的試鍊和打擊。取出原料之後，還要進一步地用火精煉，並且粉身碎骨地打散，才能夠變成最後的產品，並且應用到每一個人的生活裡面。

這就好像新創的過程一樣，新創的點子就像是石灰，源頭就藏在人的腦袋裡，得要不斷地尋找和開發，才有可能找到原料。而在發展新創的過程中，創業者得要忍受各種煎熬和痛苦，常常想法得要打散重來，甚至新創公司也會解體重生，堅持到了最後才能產出大家都能廣泛接受的成品。

而從消費者的角度來看，當你看到一面白牆，你可能只會看到白色的牆而已，不會進一步地意識到那是石灰的顏色。石灰鋪在牆上，消費者不會意識到它的存在，也不會想到它是怎麼來的，一切看來這麼合理，它就在那裡幫助提升我們的生活品質。但仔細一想才會發現，它得經過極爲辛苦的過程，才能夠滿足人們的需要，它幫助了你，就像利他精神一樣，最後留下了淸白的印象和名聲。

所有的新創產品也是如此，當消費者的需要因爲新創而被滿足，生活品質因此變得更好的時候，通常不會想到這些新創產品的背後走過了什麼樣的旅程。每一個點子都是經過千錘百鍊的打擊，烈火燃燒的煎熬，粉身碎骨的重組，最後才能留在人間，成爲一個成功的商品或應用服務。

新創成功的過程，在回頭去看的時候更可以發現其中的關鍵要素，創業者們必須充滿熱情，來挺過「從零到一」的黑暗，那是千錘百鍊的開採過程，讓點子得見天日的漫長等待。他們也必須從「幫助別人」的利他觀點來做爲品牌思考的出發點，保持著初衷，想要讓人們的生活變得更好。如果新創能解決人們的問題，自然就能賺錢；但若是只想賺錢，這樣的新創品牌反倒不容易成功。

若是創業者很早就按下人生的快轉鍵，把握年輕的本錢去創造出斜槓／通才的背景，就可以有效地幫助他們找到創新的點子。若是他們保持空杯心態，不斷追求自己的認知升級，小步快跑去試錯，就能讓這些創新找到實際的定義，並且透過實際執行來進行修正。這個實踐過程的痛苦，就如同烈火焚身一樣的難受，因爲要打破原先的設定和預想，改變自己原來的認知和形態，一切的計畫才能打散重組。

最後有幸可以成功，創業者們在創業過程中所經歷的一切人事物的因緣，無論未來是讓品牌從臺灣走向海外，還是從海外重回本地，這些努力也都不會白費。

一切，仍回歸到父親所提醒我的那句話：「功不唐捐。」

後記
合作，是一種偶然

周汶昊（Wen-hao Winston Chou）

我們的合作，是一個偶然，其中也總有意外的巧合。

今（2023）年一月中當我點開臉書的訊息，突然發現有一個我不認識的人傳來了是否能夠合作寫書的詢問。因爲隱私設定的關係，先前我根本看不到這個邀約，而從她一月初傳來訊息之後，中間已經相隔了快十天。雖然可能已經過了時效，我還是趕緊回覆了。

她是Jenny，負責協助David（吳德威）這次的出書計畫，而他們想邀我加入這個工作團隊。過去幾個月，David和Jenny一直在討論著該怎麼樣著手進行這本書，他們認爲找到一名合適的共同作者就是關鍵。不料我卻這麼久沒有回覆，讓Jenny覺得我可能沒看到她的訊息，提出的邀約也將石沉大海，而在找不到適合人選的情況下，這個出書計畫可能也就此告終。

畢竟，出書的想法已經在David滿檔的行事曆上待了一段時間。自從卸下了味全龍領隊的職務之後，David在球界經歷過的那些新鮮記憶，讓他萌生了一些値得分享的觀念和故事：關於領導和跨界管理，和棒球有關，但又不只是棒球。只是他馬不停蹄地到網家集團就任副總，接著又同時在創投、新創和區塊鏈等領域的不同公司工作，這不斷的忙碌一再推遲了他出書的計畫。

David本身其實是一個很能寫的人，過去他在商周和遠見寫過的專欄不知凡幾，一直以來爲了工作和講課所準備的簡報也是無數，以他的文筆，由他獨力完成一本書並不成問題。遲遲沒有動筆，只是因爲他對於這本書有更深一層的期待，他不希望自己過於主觀地去寫作，反而失掉了客觀的冷靜和視角。結果這個想法綁住了他，讓他難以下筆。David認爲他需要有另一個共同作者來和他對話，透過團隊的合作來讓出書的計畫實現。

文字工作者出身的Jenny是師大翻譯所畢業，之前也有在商周完成採訪出書的專案經驗，她的文筆又快又好，只是Jenny對於棒球並不熟悉，而David認爲這本書和棒球有關，一定需要再加入一個熟悉運動的作者，所以這才找上了我。

先前我曾協助過中職吳志揚前會長完成了《吳志揚的三度職棒管理學》，而David擔任味全龍領隊期間，也和吳會長有過密切的合作和交流。那本書在2021年出版的時候，David也自費購買了一百本，而在這本書上看到了我的名字之後，才請Jenny來探詢是否有合作的可能。

在錯過了十天的空白之後，我們總算聯絡上了，初步談過之後決定要合作。接下來進行的速度就開始加快，因爲David是一個重視效率和執行力的人，從我們第一次在線上視訊會議談過之後不到一天，他就已經把這本書的十個章節給列了出來，等於是全書的架構迅速敲定。有了這樣的架構之後，他還提議說要來德州找我，這樣我們可以當面坐下來好好聊一聊，完成最重要的訪談工作。

聽他說要來，讓我有些意外。在疫情過後，視訊會議已經是在家工作的常態，即使我們分處臺美兩地，但使用通訊軟體來溝通也很容易，透過科技的輔助在線上完成這個計畫也不是問題，因爲學業而長期待在美國的我，之前也就是這樣和其他合著作者線上溝通，完成了全部的採訪和寫稿工作。但聽完我的解釋之後，David仍是堅持要來。

我那時心想，專程跑來這一趟，對他實在太遠。即使是在疫情稍歇的2023年，搭機旅行還是不輕鬆，時差再加上旅途勞頓眞的很費時費力。而且David也不是只有這一個案子在手上，他在臺美兩地還有很多工作同時要忙。

而從這樣的堅持，我也看到了David對於團隊夥伴的尊重和對於工作的態度，他認爲該做的事，就一點也不馬虎。回頭想想，他之所以能夠一路帶領這麼多的成功團隊，跨界管理各種不同的專案，光從這一點就能看出端倪。

於是二月中的時候他依約到訪德州，我們照著David訂下的十章架構進行馬拉松式的訪談。而事實證明David的堅持是對的，因爲這的確是一個非常有效率的工作方式，整本書的內容和走向就在這三天定案，主要的訪談工作也大致完成，接下來就是整理寫稿、持續溝通和其他延伸性質的補充採訪。

如果不是他預先空下這三天的時間給我，也許這本書的採訪過程會拖長到一個月以上，中間不只會被臺美兩地的時差給打亂，也會被他忙碌的每日行程給打斷。畢竟，能夠訪談的時間不是他那裡太晚就是我這裡太早，兩人也可能都不在最佳狀況。

更重要的是，對我來說，這是一個能夠近距離觀察他的機會。聽他說話，講著過去的故事，會讓一切更歷歷在目。而看到他因爲我提出的問題而停下來思考，也讓我發現到他的個人風格。他並不害怕自己被問倒而急著找答案搪塞，反而要求自己能夠直接而明確地回答我的問題。擔任執行長多年，他早已習慣自己得要有問必答，做過那麼多不同產業的新創投資，他也很快就能抓到題目的重點而胸有成竹，但在訪談的時候，他依舊能放下這些身段，大方地承認自己需要時間思索。而沉吟一會兒之後，David總是能給出一個符合他觀點的好答案。

雖然排開了其他行程，這三天也是週末，但訪談的過程依舊不是完全的眞空。我們一早就開始訪談，臺灣雖是深夜，從那裡打來找他的工作電話仍是如影隨形，直到臺灣那裡進入沉睡狀態，時差三小時的美國西岸正好開始上班有事情找他，而等我們做完那一天的訪談已經接近傍晚，臺灣那裡找他的工作電話又再度響起。

像David這樣的日常，若不會貼身觀察很難體會，在看過之後也才知道該怎麼把他想說的話給更眞實地呈現出來。像我們雖然同年，生日也只差幾天而已，但我們所走的人生道路和進程卻是完全不同。他早早就結婚生子，全力拚事業，而我卻是晚婚晚生，到現在還在念博士班。而一刻不得閒的他，看著我們一家人在這裡的平凡生活，告訴我說這就是他父親希望他能夠過的人生。外人稱羨的成功職涯，在他自己眼中卻不是那麼一回事。我還記得他抱著我五歲的小兒子跟我們說，以前工作太忙了沒能多抱抱自己的兒子，現在兒子已經念大學了，也很難再抱他了。

因爲見面，讓我們發現彼此之間更多的巧合。像是David來德州找我的時候，帶了一本商周出版的《周思齊的九局下半》給我參考，這才知道原來我也有參與那本書。在和他一起工作之前，我也並不認識他，沒想到見面聊天之後，發現他的妻子是我姊姊的大學同學。這些觀察和巧合，幫助了我後來在訪談和寫作時，能夠更快地進入他的世界。

若不是他一開始堅持要面對面地交談，就不會有這樣的感覺出來。

而在David的世界裡，無論是在工作上和生活中，他也始終貫徹自己在書中所揭櫫的觀念和思維。像是他建議使用虛擬貨幣來支付稿酬，對我來說，就是因爲和他的合作，才有機會跳出自己的舒適圈，實地實踐了David在這本書中強調的「認知升級」：我從分辨出各種主要虛擬貨幣的差異再到實際去開戶，因爲動手去做，操作過一切流程之後的我，才能眞正開始去擁抱區塊鏈的時代。

三天很快就結束了，在離開的時候，我給這個團隊準備的臨別禮物是一個德州風格的烈酒杯。我們約定，下次在臺灣見面再拿同一個杯子乾杯，來紀念這一次的見面。爲什麼呢？因爲我們初次見面的第一天有一個關於酒的故事。

第一天我們在德州見面的時候已經是晚餐時間，這裡有一間我從沒有機會去吃的川菜館叫做「小廚娘」，在當地還挺有名氣，剛好就在飯店附近，於是我們就決定去那一家吃晚飯。沒想到一到餐廳卻是燈火全暗，看似沒有營業。走近一看，不只沒開，而且門窗都已上鎖。我心想，該不會是倒了吧？仔細一看，原來它搬家了。當我們放棄了打算要走的時候，才發現它只是搬到不遠的另一頭而已。

總算進了餐廳就座，David給我們點了滿滿一桌的川菜。累了一天，也讓人想喝點啤酒放鬆一下，不料小廚娘因爲才剛搬家而沒有賣酒。我們想說左邊隔壁有家炸雞店，啤酒配炸雞最適合了，絕對有賣酒吧？但去問了之後，店家居然說他們只賣可樂；我們還不死心，再去另一邊的酒吧問看看，這麼大一間的酒吧總會有酒了吧！結果店家規定酒不給外帶。所以，我們就只能邊喝茶邊聊天。等到鄰桌的客人吃完要走的時候，一位老太太還很和善地過來和我們說：「想要買酒的話，可以去離此不遠的HEB超市買哦！」

這下可好，全世界都知道我們要買酒了。

餐後我們就真的去了HEB超市，準備買點東西等一下來繼續訪談。David買了一手啤酒和紅酒，這兩種酒都是不需要開瓶器，用手一轉就能拿來喝了。沒想到，隨手在紅酒區拿了一瓶紅酒，回去之後才發現它竟是甜到不行的水果調味酒，完全喝不下去，我們就只好邊喝水邊聊天。這一波三折的意外遭遇，讓人大歎怎麼這一趟來德州，想喝個酒竟會這麼不容易啊？

於是三天之後，我選擇的紀念品才會是一個烈酒杯，讓我們能夠回想起這一趟令人意外的德州之旅。這次見面，就像這本書的出書過程一樣，總有些巧合、意外和波折。而我們這個今年才組成的團隊，下一次能夠在臺灣見面時，希望能夠再帶著同樣的一個杯子相互乾杯，來慶祝這一本書的成功出版，也來聊聊那一年合作的種種回憶。

到時，我們又會發現什麼樣的巧合呢？

國家圖書館出版品預行編目資料

跨界領導密碼：吳德威的團隊管理與新創智慧／
吳德威、周汶昊著. --初版.--臺中市：白象文化
事業有限公司，2023.6
面； 公分
ISBN 978-626-364-032-0（平裝）
1.CST: 企業領導 2.CST: 組織管理
494.2 112006674

跨界領導密碼：吳德威的團隊管理與新創智慧

作　　者　吳德威、周汶昊
校　　對　佘屏鳳，廖嘉翎，羅玉潔
發 行 人　張輝潭
出版發行　白象文化事業有限公司
412台中市大里區科技路1號8樓之2（台中軟體園區）
出版專線：（04）2496-5995　傳真：（04）2496-9901
401台中市東區和平街228巷44號（經銷部）
購書專線：（04）2220-8589　傳真：（04）2220-8505
專案主編　陳媁婷
出版編印　林榮威、陳逸儒、黃麗穎、水邊、陳媁婷、李婕
設計創意　張禮南、何佳諠
經紀企劃　張輝潭、徐錦淳
經銷推廣　李莉吟、莊博亞、劉育姍、林政泓
行銷宣傳　黃姿虹、沈若瑜
營運管理　林金郎、曾千熏
印　　刷　基盛印刷工場
初版一刷　2023年6月
初版二刷　2023年8月
定　　價　500元